W0259159

K.-H. Gärtner/R. Schmieder

Lineare Algebra und Analytische Geometrie in Fragen und Übungsaufgaben

Lineare Algebra und Analytische Geometrie in Fragen und Übungsaufgaben

Von Doz. Dr. Karl-Heinz Gärtner
und Dr. Roland Schmieder

B. G. Teubner Stuttgart · Leipzig 1998

Das Lehrwerk wurde 1972 begründet und wird herausgegeben von:
Prof. Dr. Otfried Beyer, Prof. Dr. Horst Erfurth,
Prof. Dr. Christian Großmann, Prof. Dr. Horst Kadner,
Prof. Dr. Karl Manteuffel, Prof. Dr. Manfred Schneider,
Prof. Dr. Günter Zeidler

Verantwortlicher Herausgeber dieses Bandes:
Prof. Dr. Karl Manteuffel

Autoren:
Doz. Dr. rer. nat. Karl-Heinz Gärtner
Dr. rer. nat. Roland Schmieder
Technische Universität Bergakademie Freiberg

Gedruckt auf chlorfrei gebleichtem Papier.

Die Deutsche Bibliothek – CIP-Einheitsaufnahme

Gärtner, Karl-Heinz:
Lineare Algebra und analytische Geometrie in Fragen und Übungsaufgaben / von Karl-Heinz Gärtner und Roland Schmieder. [Hrsg.: Karl Manteuffel]. –
Stuttgart ; Leipzig : Teubner, 1998
(Mathematik für Ingenieure und Naturwissenschaftler)
ISBN 978-3-519-00220-8 ISBN 978-3-322-96360-4 (eBook)
DOI 10.1007/978-3-322-96360-4

Das Werk einschließlich aller seiner Teile ist urheberrechtlich geschützt. Jede Verwertung außerhalb der engen Grenzen des Urheberrechtsgesetzes ist ohne Zustimmung des Verlages unzulässig und strafbar. Das gilt besonders für Vervielfältigungen, Übersetzungen, Mikroverfilmungen und die Einspeicherung und Verarbeitung in elektronischen Systemen.

© 1998 B. G. Teubner Stuttgart · Leipzig

Umschlaggestaltung: E. Kretschmer, Leipzig

Vorwort

Die vorliegende Sammlung von Fragen und Aufgaben zur Linearen Algebra und Analytischen Geometrie stützt sich auf Erfahrungen, die die Autoren bei der mathematischen Grundausbildung von Studenten der Natur- und Ingenieurwissenschaften an der Technischen Universität Bergakademie Freiberg über Jahre hinweg gesammelt haben. Das Buch soll der Festigung und Vertiefung des in den Vorlesungen gebotenen Stoffes dienen, die Nutzer zum Selbststudium anregen und vor allem bei der Vorbereitung auf Klausuren und mündliche Prüfungen im Rahmen des Vordiploms Orientierung und Hilfsmittel sein.
Das Buch ist in fünf Komplexe mit entsprechenden Teilabschnitten gegliedert. Jeder Teilabschnitt beginnt mit einer Zusammenstellung wichtiger Formeln und Eigenschaften, die gleichzeitig als Basis für die nachfolgenden Fragen und Aufgaben des jeweiligen Abschnitts anzusehen sind. Dem Zweck des Buches entsprechend wurde die Zusammenstellung knapp gehalten und erhebt keinen Anspruch auf Vollständigkeit. Für weitergehende Fragestellungen sollten bei Bedarf die im Literaturverzeichnis angegebenen Lehrwerke genutzt werden. Am Ende eines jeden Komplexes findet der Nutzer die Antworten zu allen gestellten Fragen, Lösungen und in vielen Fällen auch Ansätze sowie Lösungshinweise zu den Aufgaben.
Vorschläge und Hinweise, die der Verbesserung und Vervollkommnung des Buches dienen, nehmen die Autoren gern entgegen.
Besonderer Dank gilt den Mitarbeiterinnen Frau Dipl.-Ing.(FH) I. Gugel und Frau M. Löscher für die sorgfältige Anfertigung der Druckvorlage und Herrn Dipl.-Math. R. Pohlink für die Herstellung der Abbildungen. Dem Teubner-Verlag, insbesondere Herrn J. Weiß, sprechen wir für die Anregungen zu diesem Projekt und für die konstruktive Zusammenarbeit unseren Dank aus.

Freiberg, im Juli 1998 Die Autoren

Inhalt

1 Vektoren

1.1 Vektorrechnung im Raum $\mathbb{R}^n$

Schwerpunkte:

Addition und Subtraktion von Vektoren, Multiplikation von Vektoren mit einem Skalar, Linearkombination von Vektoren, Betrag eines Vektors, Einheitsvektoren, Richtungskosinus, Vektoren als Pfeile (eigentlich Pfeilklassen) für $n = 2$ und $n = 3$, Skalarprodukt, Vektorprodukt, Spatprodukt

Der (Vektor-)Raum $\mathbb{R}^n$ ist die Menge aller geordneten n-Tupel reeller Zahlen, die in Spaltenform geschriebenen n-Tupel sind die Elemente von $\mathbb{R}^n$ und heißen (Spalten-)Vektoren:

$$\mathbb{R}^n = \left\{\mathbf{x}/\mathbf{x} = \begin{pmatrix} x_1 \\ x_2 \\ \vdots \\ x_n \end{pmatrix} \quad \text{und} \quad x_i \in \mathbb{R} \quad \text{für alle} \quad i = 1(1)n\right\},$$

$\mathbf{x}, \mathbf{y}, \mathbf{a}, \mathbf{b}, \ldots \in \mathbb{R}^n$ Elemente von $\mathbb{R}^n$- (Spalten-)Vektoren.

Anmerkung zur Schreibweise geordneter n-Tupel:
Der Übergang von der Spalten- zur Zeilenschreibweise (und umgekehrt) heißt Transponieren und wird wie folgt gekennzeichnet:

$$\mathbf{x}^T = \begin{pmatrix} x_1 \\ x_2 \\ \vdots \\ x_n \end{pmatrix}^T = (x_1, x_2, \ldots, x_n) \quad \text{bzw.} \quad \mathbf{x} = (x_1, x_2, \ldots, x_n)^T = \begin{pmatrix} x_1 \\ x_2 \\ \vdots \\ x_n \end{pmatrix}.$$

Speziell gilt:
$\mathbb{R}^2$ ist die Menge aller geordneten Paare reeller Zahlen,
$\mathbb{R}^3$ ist die Menge aller geordneten Tripel reeller Zahlen,
$\mathbf{0} = (0; 0; \ldots; 0)^T \in \mathbb{R}^n$ ist der Nullvektor von $\mathbb{R}^n$.

Addition

$$\mathbf{x}+\mathbf{y}=\begin{pmatrix}x_1\\ \vdots\\ x_n\end{pmatrix}+\begin{pmatrix}y_1\\ \vdots\\ y_n\end{pmatrix}:=\begin{pmatrix}x_1+y_1\\ \vdots\\ x_n+y_n\end{pmatrix}=\mathbf{z}\in\mathbb{R}^n.$$

Die Summe $\mathbf{z}$ der Vektoren $\mathbf{x}$ und $\mathbf{y}$ existiert für alle Vektoren $\mathbf{x},\mathbf{y}\in\mathbb{R}^n$, ist eindeutig bestimmt und wieder ein Element von $\mathbb{R}^n$.

Multiplikation mit einem Skalar

$$\lambda\mathbf{x}=\lambda\begin{pmatrix}x_1\\ \vdots\\ x_n\end{pmatrix}:=\begin{pmatrix}\lambda x_1\\ \vdots\\ \lambda x_n\end{pmatrix}=\mathbf{z}\in\mathbb{R}^n.$$

Das λ-fache des Vektors $\mathbf{x}$ existiert für alle $\mathbf{x}\in\mathbb{R}^n$ und alle $\lambda\in\mathbb{R}$, ist eindeutig bestimmt und wieder ein Element von $\mathbb{R}^n$.

Entgegengesetzter Vektor

$$-\mathbf{x}:=(-1)\mathbf{x}=(-1)\begin{pmatrix}x_1\\ \vdots\\ x_n\end{pmatrix}=\begin{pmatrix}-x_1\\ \vdots\\ -x_n\end{pmatrix}$$

ist der entgegengesetzte Vektor von $\mathbf{x}$.

Eigenschaften der Rechenoperationen

Für alle $\mathbf{x},\mathbf{y},\mathbf{z}\in\mathbb{R}^n$ und alle $\lambda,\mu\in\mathbb{R}$ gilt:
$(\mathbf{x}+\mathbf{y})+\mathbf{z}=\mathbf{x}+(\mathbf{y}+\mathbf{z})$,
$\mathbf{x}+\mathbf{0}=\mathbf{0}+\mathbf{x}=\mathbf{x}$,
$\mathbf{x}+(-\mathbf{x})=(-\mathbf{x})+\mathbf{x}=\mathbf{0}$,
$\mathbf{x}+\mathbf{y}=\mathbf{y}+\mathbf{x}$,
$(\lambda+\mu)\mathbf{x}=\lambda\mathbf{x}+\mu\mathbf{x}$,
$\lambda(\mathbf{x}+\mathbf{y})=\lambda\mathbf{x}+\lambda\mathbf{y}$.

Linearkombination

$\mathbf{b}$ ist eine Linearkombination der Vektoren $\mathbf{x_1},\dots,\mathbf{x_k}$ mit den Koeffizienten $\lambda_i\in\mathbb{R}$ für $i=1(1)k$, wenn gilt

$$\mathbf{b}=\lambda_1\mathbf{x_1}+\lambda_2\mathbf{x_2}+\cdots+\lambda_\mathbf{k}\mathbf{x_k}=\sum_{\mathbf{i=1}}^{\mathbf{k}}\lambda_\mathbf{i}\mathbf{x_i}\,.$$

Betrag eines Vektors

$$|\mathbf{x}| := \sqrt{x_1^2 + x_2^2 + \cdots + x_n^2} = \sqrt{\sum_{i=1}^{n} x_i^2}.$$

Einheitsvektoren

$\mathbf{e}$ ist ein Einheitsvektor $\Leftrightarrow |\mathbf{e}| = 1$.

Für alle $\mathbf{x} \in \mathbb{R}^n$ ist $\mathbf{x}^0 := \frac{1}{|\mathbf{x}|} \cdot \mathbf{x}$ der zugehörige Einheitsvektor in Richtung $\mathbf{x}$.
Spezielle Einheitsvektoren:

$$\text{im } \mathbb{R}^2 \quad \mathbf{i} = \begin{pmatrix} 1 \\ 0 \end{pmatrix}, \mathbf{j} = \begin{pmatrix} 0 \\ 1 \end{pmatrix},$$

$$\text{im } \mathbb{R}^3 \quad \mathbf{i} = \begin{pmatrix} 1 \\ 0 \\ 0 \end{pmatrix}, \mathbf{j} = \begin{pmatrix} 0 \\ 1 \\ 0 \end{pmatrix}, \mathbf{k} = \begin{pmatrix} 0 \\ 0 \\ 1 \end{pmatrix},$$

auch $\mathbf{i} = \mathbf{e_1}$, $\mathbf{j} = \mathbf{e_2}$, $\mathbf{k} = \mathbf{e_3}$, so daß für $\mathbb{R}^n$ $\mathbf{e_i}$, $i = 1, \ldots, n$ spezielle Einheitsvektoren sind, mit

$$\mathbf{e_i} = \begin{pmatrix} e_{1i} \\ \vdots \\ e_{ni} \end{pmatrix} \quad \text{mit } e_{ki} = \begin{cases} 1 & \text{für } k = i \\ 0 & \text{sonst.} \end{cases}$$

Jeder Vektor $\mathbf{x} \in \mathbb{R}^n$ ist eine Linearkombination der speziellen Einheitsvektoren

$$\mathbf{x} = \begin{pmatrix} x_1 \\ \vdots \\ x_n \end{pmatrix} = x_1\mathbf{e_1} + \cdots + x_n\mathbf{e_n} = \sum_{i=1}^{n} x_i\mathbf{e_i} \ ,$$

x_i - Koordinaten von $\mathbf{x}$; $x_i\mathbf{e_i}$ - Komponenten von $\mathbf{x}$.

Geometrisches Modell des $\mathbb{R}^2$ bzw. $\mathbb{R}^3$

Bei gegebenem kartesischen Koordinatensystem mit dem Ursprung O existiert eine eineindeutige Zuordnung zwischen allen Vektoren $\mathbf{x} = \begin{pmatrix} x_1 \\ x_2 \end{pmatrix}$ des $\mathbb{R}^2$ und allen Punkten $X = (x_1, x_2)$ einer Ebene bzw. zwischen allen Vektoren $\mathbf{x} = \begin{pmatrix} x_1 \\ x_2 \\ x_3 \end{pmatrix}$ des $\mathbb{R}^3$ und allen Punkten $X = (x_1, x_2, x_3)$ des (Anschauungs-)Raumes; beiden Fällen ordnet man die Pfeile **OX** zu (Abb. 1.1 und 1.2). Jeder Pfeil **OX** ist dabei (nur) ein Repräsentant der Klasse aller Pfeile, die durch Parallelverschiebung aus ihm hervorgehen. Zugeordnete Spaltenvektoren, Punkte und Pfeile werden häufig identifiziert.

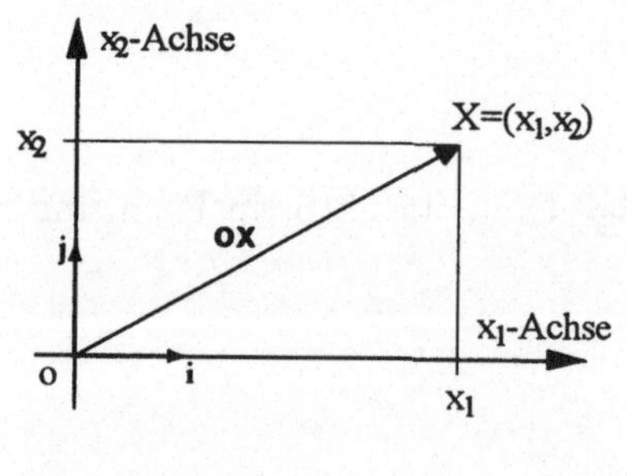

Abb. 1.1

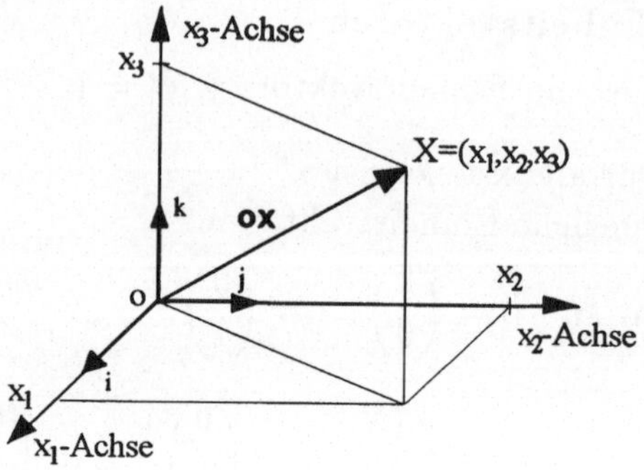

Abb. 1.2

Der Pfeil **OX** ist ein Repräsentant des Vektors $\mathbf{x} = (x_1, x_2)^T$ bzw. $\mathbf{x} = (x_1, x_2, x_3)^T$. Jeder Pfeil **OX** charakterisiert:

eine Richtung	-	die Verbindungsgerade OX
eine Zahl	-	die Länge der Strecke $\overline{OX}$
einen Durchlaufsinn	-	vom Anfangspunkt O zum Endpunkt X.

Einheitsvektoren

Die speziellen Einheitsvektoren $\mathbf{e_1}, \mathbf{e_2} \in \mathbb{R}^2$ bzw. $\mathbf{e_1}, \mathbf{e_2}, \mathbf{e_3} \in \mathbb{R}^3$ sind die Einheitsvektoren in Richtung der (positiven) Koordinatenachsen.

Richtungskosinus

Die Richtungskosinus eines Vektors $\mathbf{x} \in \mathbb{R}^2$ bzw. $\mathbf{x} \in \mathbb{R}^3$ sind die Kosinuswerte der Winkel zwischen dem zugeordneten Pfeil **OX** und den Richtungen der (positiven) Koordinatenachsen, also:

$\cos \measuredangle(\mathbf{e}_i, \mathbf{x}) = \frac{x_i}{|\mathbf{x}|}, \qquad i = 1, 2, 3.$

Senkrechte Projektion des Vektors x auf den Vektor y

$x_y = |\mathbf{x}| \cos \measuredangle(\mathbf{x}, \mathbf{y}); \quad \mathbf{x_y} = x_y \cdot \mathbf{y}^0.$

Skalarprodukt (inneres Produkt oder Punktprodukt) für $\mathbf{x}, \mathbf{y} \in \mathbb{R}^n$

$$\mathbf{x} \cdot \mathbf{y} = x_1 y_1 + x_2 y_2 + \cdots + x_n y_n = \sum_{i=1}^{n} x_i y_i \in \mathbb{R}.$$

Faßt man Vektoren als spezielle Matrizen auf, so muß man das Skalarprodukt in der Form $\mathbf{x^T} \cdot \mathbf{y} = \sum_{i=1}^{n} x_i y_i$ schreiben, wobei man zu demselben Ergebnis kommt (vgl. S. 41).

Eigenschaften

Für alle $\mathbf{x}, \mathbf{y}, \mathbf{z} \in \mathbb{R}^n$ und alle $\lambda \in \mathbb{R}$ gilt:
$\mathbf{x} \cdot \mathbf{y} = \mathbf{y} \cdot \mathbf{x}$,
$\lambda(\mathbf{x} \cdot \mathbf{y}) = (\lambda\mathbf{x}) \cdot \mathbf{y} = \mathbf{x} \cdot (\lambda\mathbf{y}) = \lambda\mathbf{x} \cdot \mathbf{y}$,
$\mathbf{x} \cdot (\mathbf{y} + \mathbf{z}) = \mathbf{x} \cdot \mathbf{y} + \mathbf{x} \cdot \mathbf{z}$,
$|\lambda\mathbf{x}| = |\lambda||\mathbf{x}|$,
$\mathbf{x} \cdot \mathbf{x} = |\mathbf{x}|^2$ d.h. $|\mathbf{x}| = \sqrt{\mathbf{x} \cdot \mathbf{x}}$,
speziell für $\mathbf{x}, \mathbf{y} \in \mathbb{R}^2$ bzw. $\mathbb{R}^3$
$\mathbf{x} \cdot \mathbf{y} = |\mathbf{x}||\mathbf{y}| \cos \measuredangle(\mathbf{x}, \mathbf{y})$.

Orthogonale Vektoren

$\mathbf{x}, \mathbf{y} \in \mathbb{R}^n$ heißen orthogonal (geschrieben $\mathbf{x} \perp \mathbf{y}$) $\Leftrightarrow \mathbf{x} \cdot \mathbf{y} = 0$.

Vektorprodukt (äußeres Produkt oder Kreuzprodukt) für $\mathbf{x}, \mathbf{y} \in \mathbb{R}^3$

$$\mathbf{x} \times \mathbf{y} = \begin{pmatrix} x_1 \\ x_2 \\ x_3 \end{pmatrix} \times \begin{pmatrix} y_1 \\ y_2 \\ y_3 \end{pmatrix} := \begin{pmatrix} x_2y_3 - x_3y_2 \\ x_3y_1 - x_1y_3 \\ x_1y_2 - x_2y_1 \end{pmatrix} \in \mathbb{R}^3.$$

Eigenschaften

Für alle $\mathbf{x}, \mathbf{y}, \mathbf{z} \in \mathbb{R}^3$ und alle $\lambda \in \mathbb{R}$ gilt:
$\mathbf{x} \times \mathbf{y} = -(\mathbf{y} \times \mathbf{x})$,
$\lambda\mathbf{x} \times \mathbf{y} = \mathbf{x} \times \lambda\mathbf{y} = \lambda(\mathbf{x} \times \mathbf{y})$,
$(\mathbf{x} + \mathbf{y}) \times \mathbf{z} = (\mathbf{x} \times \mathbf{z}) + (\mathbf{y} \times \mathbf{z})$,
$|\mathbf{x} \times \mathbf{y}| = |\mathbf{x}||\mathbf{y}| \sin \measuredangle(\mathbf{x}, \mathbf{y})$,
$(\mathbf{x} \times \mathbf{y}) \cdot (\mathbf{x} \times \mathbf{y}) = (\mathbf{x} \times \mathbf{y})^2 = |\mathbf{x}|^2|\mathbf{y}|^2 - (\mathbf{x} \cdot \mathbf{y})^2$.

Spatprodukt (gemischtes Produkt) für $\mathbf{x}, \mathbf{y}, \mathbf{z} \in \mathbb{R}^3$

$(\mathbf{xyz}) := (\mathbf{x} \times \mathbf{y}) \cdot \mathbf{z} = z_1(x_2y_3 - x_3y_2) + z_2(x_3y_1 - x_1y_3) + z_3(x_1y_2 - x_2y_1)$,
$(\mathbf{xyz}) \in \mathbb{R}$.

Eigenschaften

Für alle $\mathbf{x}, \mathbf{y}, \mathbf{z} \in \mathbb{R}^3$ gilt:
$\mathbf{x} \cdot (\mathbf{y} \times \mathbf{z}) = (\mathbf{x} \times \mathbf{y}) \cdot \mathbf{z} = (\mathbf{xyz})$,
$(\mathbf{xyz}) = |\mathbf{x}||\mathbf{y}||\mathbf{z}| \cos \measuredangle(\mathbf{x}, \mathbf{y} \times \mathbf{z}) \sin \measuredangle(\mathbf{y}, \mathbf{z})$.

Fragen zu 1.1

1. Wie lautet die Spaltenvektordarstellung folgender Vektoren:
   a) Nullvektor des $\mathbb{R}^3$,
   b) entgegengesetzter Vektor von $\mathbf{x} \in \mathbb{R}^5$,
   c) $\mathbf{e_i} \in \mathbb{R}^4, i = 1(1)4$?

2. Wie definiert man die Subtraktion zweier Vektoren $\mathbf{x}, \mathbf{y} \in \mathbb{R}^n$?

3. Wie erfolgt die Addition und Subtraktion von Vektoren im geometrischen Modell des $\mathbb{R}^2$ und $\mathbb{R}^3$?

4. Welche geometrische Interpretation ergibt sich für die Beziehung $\mathbf{x} = \lambda\mathbf{y}; \mathbf{x}, \mathbf{y} \in \mathbb{R}^3; \lambda \in \mathbb{R}$, und welche Fallunterscheidungen hinsichtlich λ sind dabei sinnvoll?

5. Welche Bedeutung hat $|\mathbf{x}|$ im geometrischen Modell des $\mathbb{R}^2$ bzw. $\mathbb{R}^3$, und wie ist auf dieser Grundlage die Dreiecksungleichung $|\mathbf{x} + \mathbf{y}| \leq |\mathbf{x}| + |\mathbf{y}|$ zu interpretieren?

6. Wie lautet die Zeilenvektordarstellung des Einheitsvektors $\mathbf{x}^0$ von

$$\text{a) } \mathbf{x} = \begin{pmatrix} 1 \\ 1 \\ 1 \end{pmatrix}, \quad \text{b) } \mathbf{x} = \begin{pmatrix} -2 \\ 0 \\ \sqrt{5} \end{pmatrix}, \quad \text{c) } \mathbf{x} = \begin{pmatrix} 1 \\ 1 \\ \vdots \\ 1 \end{pmatrix} \in \mathbb{R}^n?$$

7. Was bedeutet $\measuredangle(\mathbf{x}, \mathbf{y})$ im geometrischen Modell des $\mathbb{R}^2$ und $\mathbb{R}^3$?

8. Welche Beziehung besteht zwischen der (definierten) Orthogonalität von Vektoren des $\mathbb{R}^n$ und unserer geometrischen Anschauung?

9. Welche Orthogonalitätsaussagen gelten für die speziellen Einheitsvektoren $\mathbf{e_1}, \ldots, \mathbf{e_n}$ des $\mathbb{R}^n$?

10. Worauf beruht die Berechnung von Winkeln zwischen Vektoren im $\mathbb{R}^2$ bzw. $\mathbb{R}^3$?

11. Welcher Zusammenhang besteht zwischen dem Einheitsvektor $\mathbf{x}^0$ in Richtung $\mathbf{x} \in \mathbb{R}^3$ und den Winkeln zwischen $\mathbf{x}$ und den Koordinatenachsen?

12. Welche Eigenschaften besitzt der Vektor $\mathbf{x} \times \mathbf{y}; \quad \mathbf{x}, \mathbf{y} \in \mathbb{R}^3$ im geometrischen Modell des $\mathbb{R}^3$?

13. Wie lauten die Ergebnisse der zwischen den speziellen Einheitsvektoren des $\mathbb{R}^3$ möglichen Vektorprodukte?

14. Welche geometrische Interpretation folgt für $\mathbf{x} \neq 0, \mathbf{y} \neq 0; \mathbf{x}, \mathbf{y} \in \mathbb{R}^3$ aus den Gleichungen a) $\mathbf{x} \cdot \mathbf{y} = 0$ und b) $\mathbf{x} \times \mathbf{y} = \mathbf{0}$?

15. Welche Aussage gilt für alle Produkte $(\mathbf{x} \times \mathbf{y}) \cdot \mathbf{x}$ und $(\mathbf{x} \times \mathbf{y}) \cdot \mathbf{y}$ mit $\mathbf{x}, \mathbf{y} \in \mathbb{R}^3$?

16. Welche der Fragen 11 bis 15 sind für Vektoren des $\mathbb{R}^2$ sinnvoll, und wie lautet ggf. die Antwort?

17. Wie kann man das Ergebnis des Spatproduktes geometrisch interpretieren, und was bedeutet insbesondere $(\mathbf{xyz}) = 0$?

18. Welche Auswirkungen auf das Ergebnis des Spatproduktes hat eine Vertauschung der Reihenfolge der Vektoren?

19. Wieviel Koordinaten dürfen/müssen Vektoren haben, damit folgende Produkte existieren:
a) das Skalarprodukt, b) das Vektorprodukt, c) das Spatprodukt?

20. Darf man für alle $\mathbf{x}, \mathbf{y}, \mathbf{z} \in \mathbb{R}^n$ von $\mathbf{x} \cdot \mathbf{y} = \mathbf{x} \cdot \mathbf{z}$ auf $\mathbf{y} = \mathbf{z}$ schließen?

Aufgaben zu 1.1

1. Geben Sie die zu folgenden Pfeilen gehörenden Vektoren an:
a) $\mathbf{OP}$ mit $O = (0;0)$ und $P = (-1;3)$,
b) $\mathbf{OX}$ mit $O = (0;0;0)$ und $X = (0;1;0)$,
c) $\mathbf{AB}$ mit $A = (-1;0;2)$ und $B = (1;1;3)$!

2. Im $\mathbb{R}^3$ sind die Punkte $P = (2;1;-1)$ und $Q = (1;3;1)$ gegeben.
a) Bestimmen Sie die Koordinaten des Vektors $\mathbf{PQ}$!
b) Welche Länge hat dieser Vektor?
c) Welche Darstellung hat der zugehörige Einheitsvektor?

3. Es seien $A_1 = (2;2;0), A_2 = (2;5;0), A_3 = (4;2;0)$ und $A_4 = (2;2;2)$ die Eckpunkte eines Tetraeders und $\mathbf{A_iA_{i+1}} = \mathbf{a_i}$, $i = 1,2,3$ drei Kantenpfeile bzw. Vektoren. Wählen Sie für die dabei nicht berücksichtigten Kanten einen Durchlaufsinn, und stellen Sie die sich so ergebenden Kantenpfeile bzw. Vektoren als Linearkombination der Vektoren $\mathbf{a_i}$, $i = 1,2,3$ dar!

4. $A = (0;0), B = (5;1)$ und $C = (2;6)$ seien die Eckpunkte eines Dreiecks. M sei der Mittelpunkt der Seite AC, und N liege auf BC und teilt diese Strecke im Verhältnis $BN : NC = 2 : 3$. Die Gerade durch M, N schneide die Gerade durch A, B in X. Berechnen Sie mit Hilfe von Linearkombinationen der Vektoren $\mathbf{AB} = \mathbf{b}$ und $\mathbf{AC} = \mathbf{c}$ den Vektor $\mathbf{x} = \mathbf{AX}$!

5. Geben Sie, falls existent, die folgenden speziellen Einheitsvektoren an:
a) $\mathbf{e_3} \in \mathbb{R}^3$, b) $\mathbf{e_3} \in \mathbb{R}^5$, c) $\mathbf{e_5} \in \mathbb{R}^3$, d) $\mathbf{e_2} \in \mathbb{R}^4$!

6. Gegeben sind die Vektoren $\mathbf{a} = (2; -2; 1)^T$ und $\mathbf{b} = (4; 1; -3)^T$. Berechnen Sie $\mathbf{a} + \mathbf{b}; \mathbf{a} - \mathbf{b}; 2\mathbf{a} + 5\mathbf{b}; 5\mathbf{b} - 3\mathbf{a}; |\mathbf{a}|; |\mathbf{b}|; |\mathbf{b} - 2\mathbf{a}|; \mathbf{a}^0$!

7. Berechnen Sie λ derart, daß der Abstand der Punkte A und B gleich $\sqrt{29}$ ist! $A = (2; 1; -\lambda), B = (4; -3; 2)$.

8. Beweisen Sie die Cauchy-Schwarzsche Ungleichung: $|\mathbf{a} \cdot \mathbf{b}| \leq |\mathbf{a}| \cdot |\mathbf{b}|; \mathbf{a}, \mathbf{b} \in \mathbb{R}^2$ bzw. $\mathbb{R}^3$!

9. Es seien $A = (2; 0; 5), B = (2; 4; 5), C = (0; 4; 9)$ die Eckpunkte eines Dreiecks im geometrischen Modell des $\mathbb{R}^3$. Berechnen Sie die Länge der Seitenhalbierenden durch B sowie den Winkel $\alpha = \measuredangle(\mathbf{AC}; \mathbf{AB})$!

10. Für welche $\lambda \in \mathbb{R}$ gilt $\begin{pmatrix} 1 \\ 0 \\ -3 \end{pmatrix} = \lambda \begin{pmatrix} 2 \\ 0 \\ 6 \end{pmatrix}$?

11. Ist $(-2; 0; 0)^T$ eine (ggf. eindeutige) Linearkombination der jeweils angegebenen Vektoren?

$$\text{a)} \begin{pmatrix} 2 \\ 1 \\ 1 \end{pmatrix}, \begin{pmatrix} -1 \\ 1 \end{pmatrix}; \quad \text{b)} \begin{pmatrix} 0 \\ 0 \\ 0 \end{pmatrix}, \begin{pmatrix} 1 \\ 1 \\ 1 \end{pmatrix}, \begin{pmatrix} 0 \\ 2 \\ 2 \end{pmatrix}; \quad \text{c)} \begin{pmatrix} 1 \\ 0 \\ 1 \end{pmatrix}, \begin{pmatrix} 0 \\ 1 \\ 0 \end{pmatrix}.$$

12. Im $\mathbb{R}^3$ ist ein Vektor $\mathbf{a}$ gegeben.
Bestimmen Sie seine Länge und die Richtungskosinus, wenn
a) $\mathbf{a} = \mathbf{e}_1 - 4\mathbf{e}_2 + 8\mathbf{e}_3$,
b) $\mathbf{a}$ durch seine Koordinaten $a_1 = 4, a_2 = 7, a_3 = -4$ im $\{\mathbf{e}_1, \mathbf{e}_2, \mathbf{e}_3\}$-System gegeben ist!

13. Von einem Vektor $\mathbf{a}$ seien $a_1 = 2; a_3 = 3$ und $|\mathbf{a}| = 7$ gegeben. Bestimmen Sie alle Vektoren, die diese Vorgaben erfüllen!
Welche Winkel schließen die Vektoren mit den Koordinatenachsen ein?

14. Für alle $\mathbf{x}, \mathbf{y} \in \mathbb{R}^n$ ist der Vektor $\frac{\mathbf{x} \cdot \mathbf{y}}{\mathbf{y} \cdot \mathbf{y}} \cdot \mathbf{y}$ als (senkrechte) Projektion von $\mathbf{x}$ auf die Richtung von $\mathbf{y}$ erklärt. Zeigen Sie, daß diese Festlegung für das geometrische Modell des $\mathbb{R}^3$ mit dem dort anschaulichen Begriff der Projektion übereinstimmt!

15. Berechnen Sie die senkrechte Projektion des Vektors $\mathbf{a}$ auf den Vektor $\mathbf{b}$ für
a) $\mathbf{a} = -3\mathbf{e}_1 + 2\mathbf{e}_2, \mathbf{b} = 3\mathbf{e}_1 + \mathbf{e}_2$;
b) $\mathbf{a} = \begin{pmatrix} 1 \\ 4 \end{pmatrix}, \mathbf{b} = \begin{pmatrix} 3 \\ 1 \end{pmatrix}$;
c) $\mathbf{a} = (2; 1; 3)^T, \mathbf{b} = (5; -1; 1)^T$!

16. Geben Sie den Einheitsvektor in Richtung der Winkelhalbierenden von
a) $\mathbf{a} = (2;0)^T$ und $\mathbf{b} = (0;3)^T$,
b) $\mathbf{a} = (-1;2;2)^T$ und $\mathbf{b} = (2;-6;-3)^T$ an!

17. Gegeben sind $\mathbf{a} = (1;0;2)^T; \mathbf{b} = (2;3;1)^T$ und $\mathbf{c} = (-3;1;3)^T$.
Berechnen Sie:
a) $\mathbf{a} \cdot \mathbf{b}$, $\mathbf{b} \cdot \mathbf{c}$, $(\mathbf{a} \cdot \mathbf{b}) \cdot \mathbf{c}$, $\mathbf{a}(\mathbf{b} \cdot \mathbf{c})$, $(\mathbf{a} \cdot \mathbf{c})\mathbf{b}$,
b) $\mathbf{a} \times \mathbf{b}$, $\mathbf{b} \times \mathbf{a}$, $\mathbf{a} \times \mathbf{a}$, $\mathbf{c} \times \mathbf{a}$,
c) $\mathbf{a} \cdot (\mathbf{b} \times \mathbf{c})$, $(\mathbf{a} \times \mathbf{b}) \cdot \mathbf{c}$, $(\mathbf{a} \times \mathbf{b}) \cdot \mathbf{a}$,
d) $\mathbf{a} \times (\mathbf{b} \times \mathbf{c})$, $(\mathbf{a} \times \mathbf{b}) \times \mathbf{c}$!

18. Zeigen Sie für das geometrische Modell des $\mathbb{R}^2$ mit Hilfe der Vektorrechnung, daß jeder Peripheriewinkel über dem Durchmesser eines Halbkreises ein rechter Winkel ist (Satz des Thales)!

19. Die Punkte $P_1 = (1;0;0), P_2 = (4;3;0), P_3 = (0;5;2)$ und $P_4 = (0;0;5)$ seien die Eckpunkte eines Tetraeders. Berechnen Sie Volumen und Oberfläche dieses Körpers!

20. Wie ist die 3. Koordinate des Punktes P_4 der in Aufgabe 19 gegebenen Punkte abzuändern, damit der so entstehende Punkt P_4' mit den Punkten P_1, P_2, P_3 in einer gemeinsamen Ebene liegt?

21. Berechnen Sie $a \in \mathbb{R}$ derart, daß die Punkte $P_1 = (2;2;1), P_2 = (-1;4;-1)$ und $P_3 = (6,5;-a;4a)$ auf einer gemeinsamen Geraden liegen!

22. Es seien $\mathbf{a} = 2\mathbf{x} - 3\mathbf{y}$ und $\mathbf{b} = \mathbf{x} + \lambda \cdot \mathbf{y}$, wobei $\mathbf{x} = \begin{pmatrix} -1 \\ 0 \\ 2 \\ 2 \end{pmatrix}$ und $\mathbf{y} = \begin{pmatrix} 0 \\ -1 \\ 0 \\ 2 \end{pmatrix}$.
Berechnen Sie λ derart, daß $\mathbf{a}$ und $\mathbf{b}$ orthogonal sind!

23. Berechnen Sie p und q; $p, q \in \mathbb{R}$, derart, daß der Vektor
$\mathbf{x} = -\mathbf{e}_1 + 3\mathbf{e}_2 + 2\mathbf{e}_4 + 6\mathbf{e}_5$ sowohl zu
$\mathbf{a} = (p-2)\mathbf{e}_1 - \mathbf{e}_2 + (p+2)\mathbf{e}_3 + (1-q)\mathbf{e}_4 - \mathbf{e}_5$ als auch zu
$\mathbf{b} = 3\mathbf{e}_1 + (p+1)\mathbf{e}_2 + (6-p)\mathbf{e}_3 - (4+p)\mathbf{e}_4 + (q-\frac{1}{2})\mathbf{e}_5$ orthogonal ist!

1.2 Lineare Vektorräume

Schwerpunkte:

Vektorraum, lineare Unabhängigkeit, Rang eines Vektorsystems, Basis, Dimension, Unterraum, lineare Hülle

V ist ein linearer Vektorraum über $\mathbb{R}$ (oder ein reeller Vektorraum) und seine Elemente heißen Vektoren genau dann, wenn $V \neq \emptyset$ und eine Addition zwischen den Elementen von V und eine Multiplikation zwischen den Elementen von V und reellen Zahlen existieren, die folgende Eigenschaften besitzen:

1. Ausführbarkeit, Eindeutigkeit und Abgeschlossenheit für beide Operationen.

2. Für alle $\mathbf{x}, \mathbf{y}, \mathbf{z} \in V$ gilt
   $\mathbf{x} + \mathbf{y} = \mathbf{y} + \mathbf{x}$ (Kommutativität der Addition).
   $(\mathbf{x} + \mathbf{y}) + \mathbf{z} = \mathbf{x} + (\mathbf{y} + \mathbf{z})$ (Assoziativität der Addition).

3. Es existiert ein Nullelement $\mathbf{0} \in V$ mit $\mathbf{x} + \mathbf{0} = \mathbf{x}$ für alle $\mathbf{x} \in V$.

4. Für alle $\mathbf{x} \in V$ existiert ein entgegengesetztes Element $-\mathbf{x}$ mit
   $\mathbf{x} + (-\mathbf{x}) = \mathbf{0}$.

5. $1 \cdot \mathbf{x} = \mathbf{x}$ für alle $\mathbf{x} \in V$.

6. Für alle $\lambda, \mu \in \mathbb{R}$ und alle $\mathbf{x}, \mathbf{y} \in V$ gilt
   $$\begin{aligned} \lambda(\mu\mathbf{x}) &= (\lambda\mu)\mathbf{x} && \text{(Assoziativität der Multiplikation)}, \\ \lambda(\mathbf{x} + \mathbf{y}) &= \lambda\mathbf{x} + \lambda\mathbf{y} && \text{(Distributivgesetz)}, \\ (\lambda + \mu)\mathbf{x} &= \lambda\mathbf{x} + \mu\mathbf{x} && \text{(Distributivgesetz)}. \end{aligned}$$

Eine Menge von Vektoren, $\{\mathbf{x_1}, \ldots, \mathbf{x_n}\} \subseteq V$ heißt linear unabhängig genau dann, wenn eine Linearkombination dieser Vektoren nur dann den Nullvektor ergibt, also $\lambda_1\mathbf{x_1} + \lambda_2\mathbf{x_2} + \cdots + \lambda_n\mathbf{x_n} = \mathbf{0}$, wenn $\lambda_1 = \lambda_2 = \cdots = \lambda_n = 0$ (triviale Linearkombination, um den Nullvektor zu erhalten).
Existiert (wenigstens) eine Linearkombination der Vektoren $\mathbf{x_1}, \ldots, \mathbf{x_n}$, die den Nullvektor ergibt, ohne daß alle Koeffizienten λ_i zugleich Null sind, heißt die Vektormenge $\{\mathbf{x_1}, \ldots, \mathbf{x_n}\}$ linear abhängig.
$U \subseteq V, U \neq \emptyset$ heißt Unterraum des Vektorraumes V, wenn U hinsichtlich der für V erklärten Addition und Multiplikation abgeschlossen ist, d.h.: für alle $\mathbf{x}, \mathbf{y} \in U$ gilt $\mathbf{x} + \mathbf{y} \in U$, und für alle $\mathbf{x} \in U$ und alle $\lambda \in \mathbb{R}$ gilt $\lambda\mathbf{x} \in U$.
$L(S)$, die lineare Hülle von $S \subseteq V$, ist die Menge aller Linearkombinationen von (jeweils endlich vielen) Elementen von S.
$S \subseteq V$ ist ein Erzeugendensystem eines Unterraumes $U \subseteq V$ bzw. von V selbst,

wenn $L(S) = U$ bzw. $L(S) = V$.
$\text{rg}(S) = p$ (der Rang von $S \subseteq V$ ist gleich p) genau dann, wenn (wenigstens) eine Teilmenge $\{\mathbf{x_1}, \ldots, \mathbf{x_p}\} \subseteq S$ existiert, die linear unabhängig ist, während alle Teilmengen von S, deren Mächtigkeit größer als p ist, linear abhängig sind.
$d = \dim V$ (d ist die Dimension des Vektorraumes V) genau dann, wenn $d = \text{rg}(V)$.
$B = \{\mathbf{x_1}, \ldots, \mathbf{x_n}\} \subseteq V$ bzw. $B \subseteq U \subseteq V$ ist eine Basis von V bzw. U genau dann, wenn B ein Erzeugendensystem von V bzw. von U und linear unabhängig ist. Alle Basen eines Vektorraumes V bzw. eines Unterraumes $U \subseteq V$ sind gleichmächtig, und es gilt für jede Basis von V bzw. U: die Anzahl der Basisvektoren ist gleich der Dimension von V bzw. von U.

Fragen zu 1.2

21. Was bedeuten Ausführbarkeit, Eindeutigkeit und Abgeschlossenheit einer für die Elemente einer Menge $M \neq \emptyset$ definierten Verknüpfung?

22. Wie begründet man die Ausführbarkeit, Eindeutigkeit und Abgeschlossenheit einer Subtraktion in einem reellen Vektorraum?

23. Wie begründet man ggf., daß die folgenden Mengen U Unterräume des $\mathbb{R}^3$ sind?
a) $U = \left\{ \begin{pmatrix} x_1 \\ x_2 \\ 0 \end{pmatrix} ; x_1, x_2 \in \mathbb{R} \right\}$, b) $U = \left\{ \begin{pmatrix} 0 \\ 0 \\ 0 \end{pmatrix} \right\}$, c) $U = \left\{ \begin{pmatrix} 0 \\ 0 \\ 0 \end{pmatrix}, \begin{pmatrix} 1 \\ 0 \\ 0 \end{pmatrix} \right\}$.

24. Sind zwei Vektoren $\mathbf{a}, \mathbf{b} \in \mathbb{R}^n$ genau dann linear abhängig, wenn einer ein reelles Vielfaches (ungleich Null) des anderen ist?

25. Wie kann man die lineare Abhängigkeit zweier Vektoren $\mathbf{a}, \mathbf{b} \in \mathbb{R}^2$ bzw. dreier Vektoren $\mathbf{a}, \mathbf{b}, \mathbf{c} \in \mathbb{R}^3$ geometrisch interpretieren?

26. Läßt sich jeder Vektor $\mathbf{c} \in \mathbb{R}^3$ als Linearkombination zweier Vektoren $\mathbf{a}, \mathbf{b} \in \mathbb{R}^3$ darstellen, wenn bekannt ist, daß $\{\mathbf{a}, \mathbf{b}\}$ linear unabhängig ist?

27. Wie begründet man, daß sich jeder Vektor $\mathbf{x} \in \mathbb{R}^n$ eindeutig als Linearkombination der Vektoren einer Basis B von $\mathbb{R}^n$ darstellen läßt?

28. Was versteht man unter den Koordinaten eines Vektors $\mathbf{x} \in V$ bezüglich einer Basis B von V? Mit welcher Begründung bezeichnet man z.B. die Zahlen x_1, x_2, x_3 eines Vektors $\mathbf{x} = \begin{pmatrix} x_1 \\ x_2 \\ x_3 \end{pmatrix} \in \mathbb{R}^3$ als seine Koordinaten?

29. Wie beweist man, daß die Menge aller speziellen Einheitsvektoren $\mathbf{e_i}$, $i = 1(1)n$ des $\mathbb{R}^n$ eine Basis des $\mathbb{R}^n$ bilden?

30. Wie begründet man, daß $\mathbf{x}$ eine Linearkombination der Vektoren von $S = \{\mathbf{x_1}, \ldots, \mathbf{x_p}\} \subseteq \mathbb{R}^n$ ist, wenn S linear unabhängig, aber $S_1 = S \cup \{\mathbf{x}\}$ linear abhängig ist?

31. Können 4 verschiedene Vektoren $\mathbf{a}, \mathbf{b}, \mathbf{c}, \mathbf{d} \in \mathbb{R}^3$ eine Basis des $\mathbb{R}^3$ bilden?

Aufgaben zu 1.2

24. Ist das Vektorsystem $\{\mathbf{a}, \mathbf{b}, \mathbf{c}\}$ linear abhängig oder linear unabhängig? Geben Sie im Fall linearer Abhängigkeit wenigstens eine nicht-triviale Linearkombination dieser Vektoren an, die den Nullvektor ergibt!
a) $\mathbf{a} = \mathbf{e_1} + \mathbf{e_2} + \mathbf{e_3}, \mathbf{b} = 2\mathbf{e_1} - \mathbf{e_2} + 4\mathbf{e_3}, \mathbf{c} = -2\mathbf{e_1} + 2\mathbf{e_2} - \mathbf{e_3}$,
b) $\mathbf{a^T} = (3; -1; 2), \mathbf{b^T} = (2; 0; 1), \mathbf{c}^T = (5; -3; 4)$,
c) $\mathbf{a} = \begin{pmatrix} 2 \\ -1 \\ -3 \end{pmatrix}, \mathbf{b} = \begin{pmatrix} -2 \\ 1 \\ 1 \end{pmatrix}, \mathbf{c} = \begin{pmatrix} -2 \\ 1 \\ -3 \end{pmatrix}$.

25. Unter der Voraussetzung, daß $\{\mathbf{a}, \mathbf{b}, \mathbf{c}\}$ linear unabhängig ist, untersuche man $\{\mathbf{x}, \mathbf{y}, \mathbf{z}\}$ auf lineare Unabhängigkeit!
a) $\mathbf{x} = \mathbf{a} + 2\mathbf{b}, \quad \mathbf{y} = \mathbf{b} - \mathbf{a}, \quad \mathbf{z} = \mathbf{c}$,
b) $\mathbf{x} = \mathbf{a} - \mathbf{b}, \quad \mathbf{y} = \mathbf{a} - \mathbf{c}, \quad \mathbf{z} = \mathbf{b} - \mathbf{c}$,
c) $\mathbf{x} = \mathbf{a} - \mathbf{b}, \quad \mathbf{y} = \mathbf{b} + \mathbf{c}, \quad \mathbf{z} = \mathbf{b} - \mathbf{c}$,
d) $\mathbf{x} = 2\mathbf{a} + \mathbf{b}, \quad \mathbf{y} = \mathbf{a} - \mathbf{b}, \quad \mathbf{z} = 9\mathbf{a} + 3\mathbf{b} + 2\mathbf{c}$.

26. Gegeben sind die Vektoren $\mathbf{a} = 5\mathbf{e_1} - 3\mathbf{e_2} - 2\mathbf{e_3}, \quad \mathbf{b} = 2\mathbf{e_1} + 2\mathbf{e_2} - 3\mathbf{e_3}$, $\mathbf{c} = \mathbf{e_1} - 4\mathbf{e_2} + 2\mathbf{e_3}$.
Zeigen Sie, daß diese Vektoren eine Basis bilden, und ermitteln Sie die Koordinaten von $\mathbf{p} = 2\mathbf{e_1} + 4\mathbf{e_2} - 3\mathbf{e_3}$ bezüglich dieser Basis!

27. Berechnen Sie λ derart, daß die drei Vektoren $\mathbf{x} = 3\mathbf{e_1} + \lambda\mathbf{e_2} - 2\mathbf{e_3}$, $\mathbf{y} = -\mathbf{e_1} + 4\mathbf{e_2} + 2\mathbf{e_3}, \quad \mathbf{z} = 2\mathbf{e_1} + 5\mathbf{e_2} + 4\mathbf{e_3}$ linear abhängig sind!

28. Ist $\{\mathbf{x}, \mathbf{y}, \mathbf{z}\}$ ein Erzeugendensystem des $\mathbb{R}^3$?
Wie sind ggf. die Vektoren $\mathbf{a}^T = (0; 2; 2)$ und $\mathbf{b}^T = (2; 2; 1)$ als Linearkombination von $\mathbf{x}, \mathbf{y}, \mathbf{z}$ darstellbar?
a) $\mathbf{x} = \begin{pmatrix} 1 \\ 1 \\ 2 \end{pmatrix}, \mathbf{y} = \begin{pmatrix} 2 \\ 0 \\ 2 \end{pmatrix}, \mathbf{z} = \begin{pmatrix} 1 \\ 2 \\ 4 \end{pmatrix}$,

b) $\mathbf{x} = \begin{pmatrix} 1 \\ 1 \\ 2 \end{pmatrix}, \mathbf{y} = \begin{pmatrix} 2 \\ 0 \\ 2 \end{pmatrix}, \mathbf{z} = \begin{pmatrix} 3 \\ 2 \\ 5 \end{pmatrix}$.

29. Überprüfen Sie, ob sich der Vektor $\mathbf{c} = (-4; 2; 5)^T$ eindeutig als Linearkombination der jeweils angegebenen Vektoren darstellen läßt! Falls zutreffend, ist diese Linearkombination anzugeben. Falls nicht zutreffend, sind die Besonderheiten des Verhältnisses zwischen $\mathbf{c}$ und den gegebenen Vektoren zu beschreiben.
    a) $\mathbf{a_1} = (1; 0; 0)^T$, $\mathbf{a_2} = (0; 1; 0)^T$, $\mathbf{a_3} = (0; 0; 1)^T$,
    b) $\mathbf{b_1} = (1; 1; 1)^T$, $\mathbf{b_2} = (-2; 0; 1)^T$, $\mathbf{b_3} = (1; 0; 1)^T$,
    c) $\mathbf{c_1} = (1; 1; 0)^T$, $\mathbf{c_2} = (1; -2; 0)^T$, $\mathbf{c_3} = (1; 1; 1)^T$,
    d) $\mathbf{d_1} = (1; 1; 1)^T$, $\mathbf{d_2} = (-2; 0; 1)^T$, $\mathbf{d_3} = (-5; -1; 1)^T$,
    e) $\mathbf{v_1} = (1; 1; 1)^T$, $\mathbf{v_2} = (-2; 2; 1)^T$, $\mathbf{v_3} = (-8; 4; 1)^T$.

30. Gegeben ist die Vektormenge

$$S = \{\mathbf{a_1}, \mathbf{a_2}, \mathbf{a_3}, \mathbf{a_4}, \mathbf{a_5}\} = \left\{ \begin{pmatrix} 1 \\ 0 \\ 3 \\ 0 \end{pmatrix}, \begin{pmatrix} 2 \\ 0 \\ 1 \\ 1 \end{pmatrix}, \begin{pmatrix} 1 \\ 4 \\ 0 \\ -1 \end{pmatrix}, \begin{pmatrix} -1 \\ 0 \\ 2 \\ -1 \end{pmatrix}, \begin{pmatrix} 0 \\ 4 \\ 2 \\ -2 \end{pmatrix} \right\}.$$

Geben Sie eine nicht-triviale Linearkombination des Nullvektors aus den Vektoren dieses Systems an!
Geben Sie ein Teilsystem von 3 linear unabhängigen Vektoren von S an! Ist dieses Teilsystem eine Basis des $\mathbb{R}^4$? Begründen Sie Ihre Antwort!

31. $S = \{\mathbf{a}, \mathbf{b}, \mathbf{c}\} \subseteq \mathbb{R}^3$ sei ein System linear unabhängiger Vektoren.
    Welche der folgenden Angaben sind mit dieser Voraussetzung verträglich?
    a) $|\mathbf{a}| = |\mathbf{b}| = 1$, $|\mathbf{c}| = 2$, $\mathbf{a} \cdot \mathbf{b} = -\frac{1}{2}$, $\mathbf{b} \cdot \mathbf{c} = \mathbf{a} \cdot \mathbf{c} = 0$,
    b) $|\mathbf{a}| = |\mathbf{b}| = 1$, $|\mathbf{c}| = 2$, $\mathbf{a} \cdot \mathbf{b} = -\frac{1}{2}$, $\mathbf{b} \cdot \mathbf{c} = -2$, $\mathbf{a} \cdot \mathbf{c} = 1$.

32. Gegeben sei die Vektormenge $S = \{\mathbf{a}, \mathbf{b}, \mathbf{c}\}$ mit $\mathbf{a}^T = (-1; 0; 0; 2; -3)$, $\mathbf{b}^T = (1; 1; 0; 0; 2)$, $\mathbf{c}^T = (-1; 1; 0; -4; 8)$. Überprüfen Sie S auf lineare Abhängigkeit! Geben Sie, falls möglich, eine Darstellung des Vektors $\mathbf{v}^T = (-6; -4; 0; 4; -14)$ als Linearkombination der Vektoren von S an, wobei sämtliche Koeffizienten der Linearkombination verschieden von Null sein sollen! Geben Sie, falls möglich, eine nicht-triviale Linearkombination des Nullvektors aus den Vektoren $\mathbf{a}, \mathbf{b}, \mathbf{c}$ an!

33. Es sei $S = \{\mathbf{a}, \mathbf{b}, \mathbf{c}\}$ mit $\mathbf{a} = (-1; 7/2; 7)^T$, $\mathbf{b} = (2/7; -1; -2)^T$, $\mathbf{c} = (2/5; -7/5; -14/5)^T$.
    Gilt $\mathbf{0} \in L(S)$, $\mathbf{e_1} \in L(S)$, $\mathbf{v} = (5/7; -5/2; -5)^T \in L(S)$?

Welche Dimension hat $L(S)$? Geben Sie einen Einheitsvektor an, der zu $L(S)$ gehört!

34. Es seien $S_1 = \{\mathbf{a_1}, \mathbf{b_1}\}$ mit $\mathbf{a_1} = (1;4;3;0)^T$, $\mathbf{b_1} = (2;0;1;1)^T$ und $S_2 = \{\mathbf{a_2}, \mathbf{b_2}\}$ mit $\mathbf{a_2} = (-1;3;1;0)^T$ und $\mathbf{b_2} = (0;1;1;1)^T$ zwei Vektormengen. Ermitteln Sie, falls möglich, einen vom Nullvektor verschiedenen Vektor des $\mathbb{R}^4$, der
a) zu $L(S_1) \cap L(S_2)$ gehört,
b) zu $L(S_1)$ und nicht zu $L(S_2)$ gehört,
c) zu $L(S_2)$ und nicht zu $L(S_1)$ gehört,
d) weder zu $L(S_1)$ noch zu $L(S_2)$ gehört!
Begründen Sie, ob folgende Aussagen richtig oder falsch sind:
$L(S_1) \subseteq L(S_2)$, $L(S_2) \subseteq L(S_1)$, $L(S_1) = L(S_2)$, $L(S_1) \cap L(S_2) = \emptyset$!

35. Zeigen Sie, daß die Vektoren $\mathbf{b_1} = (0;0;1;1)^T$, $\mathbf{b_2} = (1;0;0;0)^T$, $\mathbf{b_3} = (1;1;0;0)^T$ eine Basis eines m-dimensionalen Unterraumes U des $\mathbb{R}^n$ bilden!
Für welche Werte m, n gilt diese Aussage?
Welchen Koordinatenvektor hat der Vektor $\mathbf{x} = (4;0;3;3)^T$ im Unterraum U bezüglich dieser Basis?

36. Zeigen Sie, daß $U = \left\{ \begin{pmatrix} x_1 \\ 0 \\ 0 \end{pmatrix}, x_1 \in R \right\}$ ein linearer Unterraum des $\mathbb{R}^3$ ist!

Antworten zu 1

1. a) $\mathbf{0} = \begin{pmatrix} 0 \\ 0 \\ 0 \end{pmatrix}$,
b) $\mathbf{x} = (x_1, x_2, x_3, x_4, x_5)^T \in \mathbb{R}^5$, dann $-\mathbf{x} = (-x_1, -x_2, -x_3, -x_4, -x_5)^T$,
c) $\mathbf{e_1} = (1;0;0;0)^T, \mathbf{e_2} = (0;1;0;0)^T, \mathbf{e_3} = (0;0;1;0)^T, \mathbf{e_4} = (0;0;0;1)^T$.

2. Man definiert die Subtraktion als Summe von $\mathbf{x}$ und dem entgegengesetzten Vektor von $\mathbf{y}$, d.h. $\mathbf{x} - \mathbf{y} := \mathbf{x} + (-\mathbf{y}) = (x_1 - y_1, \ldots, x_n - y_n)^T$.

3. Man wählt Pfeilrepräsentanten $\mathbf{x} = \mathbf{AB}$ und $\mathbf{y} = \mathbf{CD}$ derart, daß C mit B zusammenfällt. $\mathbf{AD}$ stellt dann die Summe $\mathbf{x} + \mathbf{y}$ dar (Abb. 1.3a)). Das gleiche Ergebnis erhält man, wenn $A = D$ gewählt wird, was der Summe $\mathbf{y} + \mathbf{x} = \mathbf{CB}$ entspricht (Abb. 1.3b)).

Bei der Subtraktion addiert man zum Minuenden $\mathbf{y}$ den entgegengesetzten Vektor $-\mathbf{x}$ des Subtrahenden $\mathbf{x}$ (Abb. 1.3c)).

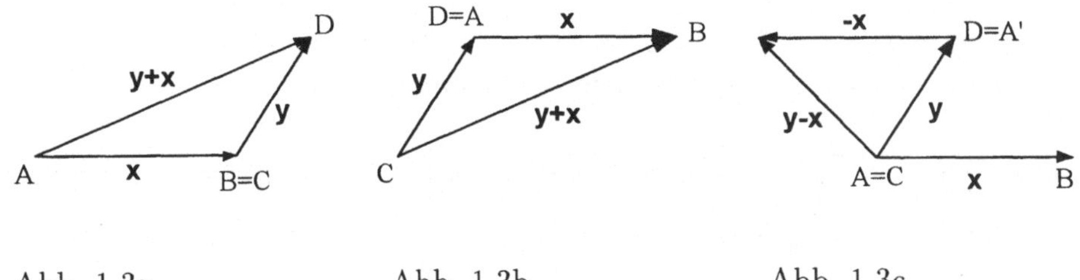

Abb. 1.3a Abb. 1.3b Abb. 1.3c

4. Für alle $\lambda(\neq 0)$ bewirkt die Multiplikation eines Vektors mit einer Zahl λ für den zugeordneten Pfeil:
- keine Änderung der Richtung,
- eine Änderung des Durchlaufsinns für $\lambda < 0$,
- eine Änderung der Länge für $|\lambda| > 1$ (Vergrößerung) und für $0 < |\lambda| < 1$ (Verkürzung).

Die Fälle $\lambda = \pm 1$ sind trivial; für $\lambda = 0$ entsteht der Nullvektor, für den keine Richtung und kein Durchlaufsinn erklärt sind.

5. $|\mathbf{x}|$ entspricht im geometrischen Modell der Länge eines zugeordneten Pfeiles, also zum Beispiel der Strecke $\overline{0X}$.
$|\mathbf{x}+\mathbf{y}| \leq |\mathbf{x}| + |\mathbf{y}|$ bedeutet, bezogen auf die Addition im geometrischen Modell (siehe Dreieck ABD in Abb. 1.3a): $\overline{AD} \leq \overline{AB} + \overline{BD}$, d.h., die Länge einer Dreiecksseite ist stets kleiner als die Summe der Längen der beiden anderen Dreiecksseiten. Die Gleichheit gilt, wenn $\mathbf{x}$ parallel zu $\mathbf{y}$, d.h. alle Punkte $A, B = C$ und D auf einer gemeinsamen Geraden liegen. $\overline{AD} = |\mathbf{x}+\mathbf{y}| = |\mathbf{x}| + |\mathbf{y}|$.

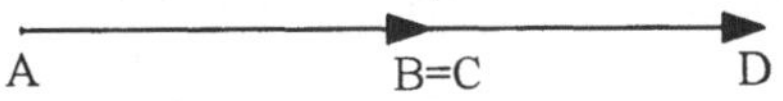

A B=C D

Abb. 1.4

6. a) $|\mathbf{x}| = \sqrt{3}, \quad \mathbf{x}^0 = (\frac{1}{\sqrt{3}}; \frac{1}{\sqrt{3}}; \frac{1}{\sqrt{3}})^T$,
b) $|\mathbf{x}| = \ 3, \quad \mathbf{x}^0 = (-\frac{2}{3}; 0; \frac{\sqrt{5}}{3})^T$,
c) $|\mathbf{x}| = \sqrt{n}, \quad \mathbf{x}^0 = (\frac{1}{\sqrt{n}}, \frac{1}{\sqrt{n}}, \dots, \frac{1}{\sqrt{n}})^T$.

7. Es seien $\mathbf{AB}, \mathbf{CD}$ Repräsentanten von $\mathbf{x}, \mathbf{y}$ derart, daß $A = C$. Dann bezeichnet $\measuredangle(\mathbf{x}, \mathbf{y})$ den Winkel zwischen den Pfeilen $\mathbf{AB}$ und $\mathbf{AD}$ (i.allg. zweideutig, auch der Ergänzungswinkel zu 360° beschreibt die Lage zwischen den Pfeilen).

8. Für $\mathbf{x}, \mathbf{y} \in \mathbb{R}^n$ bedeutet im Falle $n = 2, 3$, daß $\mathbf{x} \cdot \mathbf{y} = 0$ genau dann zutrifft, wenn die zugeordneten Pfeile einen Winkel von 90° bilden (aufeinander senkrecht stehen, orthogonal sind).

9. $\mathbf{e_i} \cdot \mathbf{e_j} = 0 \Leftrightarrow i \neq j (\ldots = 1$, wenn $i = j)$. Die speziellen Einheitsvektoren sind paarweise orthogonal (jeder zu jedem anderen).

10. Weil $\mathbf{x} \cdot \mathbf{y} = \sum\limits_{i=1}^{n} x_i y_i = |\mathbf{x}| \cdot |\mathbf{y}| \cos \measuredangle(\mathbf{x}, \mathbf{y})$, folgt insbesondere für geometrische Anwendungen im $\mathbb{R}^2$ oder $\mathbb{R}^3$ die Berechnung von $\varphi = \measuredangle(\mathbf{x}, \mathbf{y})$ aus $\cos \varphi = \dfrac{\sum_{i=1}^{n} x_i y_i}{|\mathbf{x}| \cdot |\mathbf{y}|} = k.$
Wenn $0 < k < 1$, wählt man $0 < \varphi < \frac{\pi}{2}$, und wenn $-1 < k < 0$, wählt man $\frac{\pi}{2} < \varphi < \pi$. Für $k = 1$ bzw. $k = -1$ sind $\mathbf{x}$ und $\mathbf{y}$ parallel mit gleichem bzw. entgegengesetztem Durchlaufsinn; für $k = 0$ sind $\mathbf{x}$ und $\mathbf{y}$ orthogonal.

11. Die Koordinaten des Einheitsvektors $\mathbf{x}^0 = (\frac{x_1}{|x|}; \frac{x_2}{|x|}; \frac{x_3}{|x|})$ von $\mathbf{x} \in \mathbb{R}^3$ sind die Kosinus-Werte der Winkel zwischen $\mathbf{x}$ und den Koordinatenachsen, d.h. $\dfrac{x_i}{|\mathbf{x}|} = \cos \measuredangle(\mathbf{x}, \mathbf{e_i})$; $i = 1, 2, 3$.

12. Für $\mathbf{x} \times \mathbf{y} = \mathbf{v}$ gilt:
$\mathbf{v}$ steht senkrecht auf $\mathbf{x}$ und desgleichen auf $\mathbf{y}$, d.h., $\mathbf{v}$ steht senkrecht auf der von $\mathbf{x}$ und $\mathbf{y}$ aufgespannten Ebene, $|\mathbf{v}|$ entspricht der Maßzahl des Flächeninhaltes des von $\mathbf{x}$ und $\mathbf{y}$ erzeugten Parallelogramms, $\mathbf{v}$ hat einen Durchlaufsinn derart, daß $\mathbf{x}, \mathbf{y}, \mathbf{v}$ in dieser Reihenfolge ein Rechtssystem (Rechtsschraube) bilden.

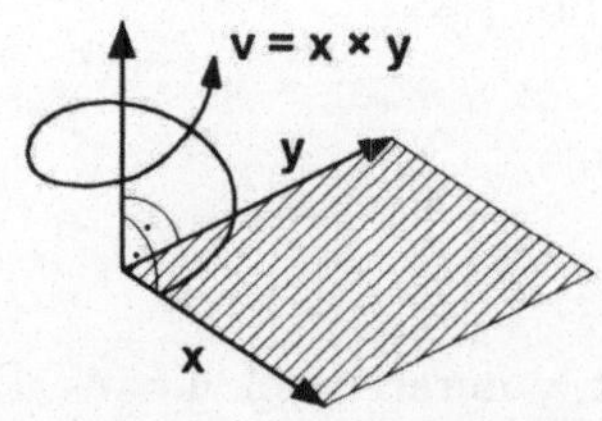

Abb. 1.5

13. $\mathbf{e_1} \times \mathbf{e_1} = \mathbf{0}, \quad \mathbf{e_1} \times \mathbf{e_2} = \mathbf{e_3}, \quad \mathbf{e_1} \times \mathbf{e_3} = -\mathbf{e_2},$
$\mathbf{e_2} \times \mathbf{e_1} = -\mathbf{e_3}, \quad \mathbf{e_2} \times \mathbf{e_2} = \mathbf{0}, \quad \mathbf{e_2} \times \mathbf{e_3} = \mathbf{e_1},$
$\mathbf{e_3} \times \mathbf{e_1} = \mathbf{e_2}, \quad \mathbf{e_3} \times \mathbf{e_2} = -\mathbf{e_1}, \quad \mathbf{e_3} \times \mathbf{e_3} = \mathbf{0}.$

14. a) $\mathbf{x}$ senkrecht (orthogonal) zu $\mathbf{y}$.
b) $\mathbf{x}$ und $\mathbf{y}$ haben die gleiche Richtung (sind parallel) bei gleichem oder auch entgegengesetztem Durchlaufsinn.

15. Wegen $\mathbf{x} \times \mathbf{y}$ senkrecht zu $\mathbf{x}$ und senkrecht zu $\mathbf{y}$ verschwinden beide Skalarprodukte in allen Fällen.

16. Das Kreuzprodukt ist nur für Vektoren des $\mathbb{R}^3$ erklärt, deshalb sind für den $\mathbb{R}^2$ nur die Fragen 11 und 14a) sinnvoll. Auch im $\mathbb{R}^2$ gilt, daß die Koordinaten von $\mathbf{x}^0 = (\frac{x_1}{|x|}, \frac{x_2}{|x|})^T$ die Kosinus-Werte der Winkel zwischen $\mathbf{x}$ und den beiden Koordinatenachsen sind. Im $\mathbb{R}^2$ folgt wie im $\mathbb{R}^3$ aus $\mathbf{x} \cdot \mathbf{y} = 0$, daß $\mathbf{x}$ und $\mathbf{y}$ senkrecht zueinander sind.

17. Der Betrag des Spatproduktes dreier Vektoren $\mathbf{x}, \mathbf{y}, \mathbf{z} \in \mathbb{R}^3$ entspricht der Maßzahl des Volumens des Parallelepipeds (oder Spats), das (der) von $\mathbf{x}, \mathbf{y}$ und $\mathbf{z}$ aufgespannt wird, d.h. dessen Kanten durch $\mathbf{x}, \mathbf{y}$ und $\mathbf{z}$ bestimmt sind (Abb. 1.6). Damit erklärt sich anschaulich, daß $(\mathbf{xyz}) = 0$ genau dann eintritt, wenn $\mathbf{x}, \mathbf{y}$ und $\mathbf{z}$ in einer gemeinsamen Ebene liegen (komplanar sind), also kein Volumen erzeugen.

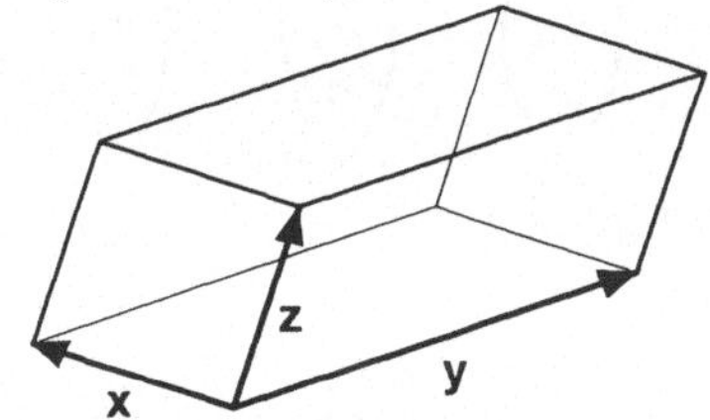

Abb. 1.6

18. Beim Vertauschen von genau 2 Faktoren im Spatprodukt $(\mathbf{xyz})$ ändert sich das Vorzeichen des Ergebnisses. Durch wiederholte Anwendung ergibt sich hinsichtlich aller Permutationen der 3 Faktoren:
$(\mathbf{xyz}) = (\mathbf{yzx}) = (\mathbf{zxy}) = -(\mathbf{zyx}) = -(\mathbf{yxz}) = -(\mathbf{xzy})$.

19. a) Das Skalarprodukt $\mathbf{x} \cdot \mathbf{y}$ existiert, wenn $\mathbf{x}$ und $\mathbf{y}$ die gleiche Anzahl von Koordinaten besitzen; $\mathbf{x} \in \mathbb{R}^n$ und $\mathbf{y} \in \mathbb{R}^n, n$ beliebig.
b) c) Das Vektor- oder Kreuzprodukt und das Spatprodukt (welches das Vektorprodukt als Teiloperation benutzt) sind nur für Vektoren mit drei Koordinaten erklärt.

20. Nein, denn für fest gewähltes $n \geq 2$ und einen beliebig, aber fest gewählten Vektor $\mathbf{x} \in \mathbb{R}^n$ kann man beliebig viele Paare von Vektoren $\mathbf{y}, \mathbf{z} \in \mathbb{R}^n$ ermitteln, die $\mathbf{x} \cdot \mathbf{y} = \mathbf{x} \cdot \mathbf{z}$ erfüllen.

Im Ansatz $x_1y_1 + x_2y_2 + \cdots + x_ny_n = x_1z_1 + x_2z_2 + \cdots + x_nz_n$ kann zu beliebig gewählten $(2n-1)$ Werten für die y_i, z_i stets ein passender $2n$-ter Wert berechnet werden.

21. Für Elemente $\mathbf{x}, \mathbf{y}$ einer Menge $M \neq \emptyset$ sei eine Verknüpfung $\mathbf{x} \oplus \mathbf{y}$ erklärt. Ausführbarkeit soll bedeuten, daß $\mathbf{x} \oplus \mathbf{y}$ für alle $\mathbf{x}, \mathbf{y} \in M$ ausführbar ist. Eindeutigkeit bedeutet, daß für alle $\mathbf{x}, \mathbf{y} \in M$ aus $\mathbf{x} \oplus \mathbf{y} = \mathbf{c}$ und $\mathbf{x} \oplus \mathbf{y} = \mathbf{d}$ stets $\mathbf{c} = \mathbf{d}$ folgt. Vollständigkeit bedeutet, daß für $\mathbf{x} \oplus \mathbf{y} = \mathbf{c}$ stets $\mathbf{c} \in M$ gilt (die Operation führt nicht aus M heraus).

22. Aus der Definition des Vektorraums folgt, daß die geforderten Eigenschaften für die Addition zutreffen, und daß für jedes Element ein entgegengesetztes existiert. Damit existiert für alle Elemente $\mathbf{x}, \mathbf{y}$ die Summe $\mathbf{x} + (-\mathbf{y})$. Das Ergebnis ist eindeutig und führt nicht aus dem Vektorraum heraus. Mit der Definition $\mathbf{x} - \mathbf{y} := \mathbf{x} + (-\mathbf{y})$ besitzt die so erklärte Subtraktion die genannten Eigenschaften.

23. Es genügt zu untersuchen, ob U hinsichtlich der Addition und der Multiplikation mit reellen Zahlen abgeschlossen ist.

a) U ist ein Unterraum des $\mathbb{R}^3$, denn $\begin{pmatrix} x_1 \\ x_2 \\ 0 \end{pmatrix} + \begin{pmatrix} y_1 \\ y_2 \\ 0 \end{pmatrix} = \begin{pmatrix} x_1 + y_1 \\ x_2 + y_2 \\ 0 \end{pmatrix} \in U$

und $\lambda \begin{pmatrix} x_1 \\ x_2 \\ 0 \end{pmatrix} = \begin{pmatrix} \lambda x_1 \\ \lambda x_2 \\ 0 \end{pmatrix} \in U$ in allen Fällen.

b) U ist ein trivialer Unterraum des $\mathbb{R}^3$, denn $\begin{pmatrix} 0 \\ 0 \\ 0 \end{pmatrix} + \begin{pmatrix} 0 \\ 0 \\ 0 \end{pmatrix} = \begin{pmatrix} 0 \\ 0 \\ 0 \end{pmatrix} \in U$

und $\lambda \begin{pmatrix} 0 \\ 0 \\ 0 \end{pmatrix} = \begin{pmatrix} 0 \\ 0 \\ 0 \end{pmatrix} \in U$.

c) U ist kein Unterraum des $\mathbb{R}^3$, denn z.B. $\begin{pmatrix} 1 \\ 0 \\ 0 \end{pmatrix} + \begin{pmatrix} 1 \\ 0 \\ 0 \end{pmatrix} = \begin{pmatrix} 2 \\ 0 \\ 0 \end{pmatrix} \notin U$

oder auch $\lambda \begin{pmatrix} 1 \\ 0 \\ 0 \end{pmatrix} = \begin{pmatrix} \lambda \\ 0 \\ 0 \end{pmatrix} \notin U$ für alle $\lambda \neq 1$.

24. Nein, zwar folgt aus $\mathbf{a} = \lambda\mathbf{b}$ mit $\lambda \neq 0$ $\mathbf{a} + (-\lambda)\mathbf{b} = \mathbf{0}$ und somit die lineare Abhängigkeit von $\mathbf{a}, \mathbf{b}$; aber sei umgekehrt z.B. $\mathbf{a} = \mathbf{0}$ und $\mathbf{b} \neq \mathbf{0}$; dann sind $\mathbf{a}, \mathbf{b}$ wegen $1\mathbf{a} + 0\mathbf{b} = \mathbf{0}$ linear abhängig, aber es gilt weder $\mathbf{a} = \lambda\mathbf{b}$ mit $\lambda \neq 0$ noch $\mathbf{b} = \mu\mathbf{a}$ mit $\mu \neq 0$.

25. Wir setzen voraus, daß $\mathbf{a}, \mathbf{b}, \mathbf{c} \neq \mathbf{0}$ (sonst trivialerweise lineare Abhängigkeit), dann gilt:
$\mathbf{a}, \mathbf{b} \in \mathbb{R}^2$ sind genau dann linear abhängig, wenn sie die gleiche Richtung haben, d.h. $\measuredangle(\mathbf{a}, \mathbf{b}) = 0$ oder $= \pi$.
$\mathbf{a}, \mathbf{b}, \mathbf{c} \in \mathbb{R}^3$ sind genau dann linear abhängig, wenn sie komplanar sind, d.h. in einer gemeinsamen Ebene liegen (einschließlich besonders trivialer Fälle).

26. Nein, denn die lineare Hülle $L(\{\mathbf{a}, \mathbf{b}\})$ ist immer nur ein 2-dimensionaler echter Unterraum des $\mathbb{R}^3$, d.h., es existieren stets beliebig viele Vektoren des $\mathbb{R}^3$, die sich nicht als Linearkombination von **a** und **b** darstellen lassen. Triviales Beispiel: Für die speziellen Einheitsvektoren gilt, daß $\{\mathbf{e_1}, \mathbf{e_2}\}$ linear unabhängig, aber $\mathbf{e_3}$ keine Linearkombination von $\mathbf{e_1}$ und $\mathbf{e_2}$ ist.

27. Es sei $B = \{\mathbf{b_1}, \ldots, \mathbf{b_n}\}$ eine Basis des $\mathbb{R}^n$. Jeder Vektor $\mathbf{x} \in \mathbb{R}^n$ ist eine Linearkombination der Basisvektoren, und die Eindeutigkeit dieser Darstellung begründet man indirekt: Angenommen, es existieren wenigstens zwei verschiedene Darstellungen von **x** als Linearkombination der Basisvektoren $\mathbf{x} = \sum_{i=1}^{n} \alpha_i \mathbf{b_i} = \sum_{i=1}^{n} \beta_i \mathbf{b_i}$,
wobei für wenigstens ein $i : \alpha_i \neq \beta_i$ gilt.
Es folgt $\sum_{i=1}^{n} \alpha_i \mathbf{b_i} - \sum_{i=1}^{n} \beta_i \mathbf{b_i} = \mathbf{0}$, d.h. $\sum_{i=1}^{n} (\alpha_i - \beta_i) \mathbf{b_i} = \mathbf{0}$.
Da die Basisvektoren linear unabhängig sind, folgt $\alpha_i - \beta_i = 0$ für alle i im Widerspruch zur Annahme; folglich ist die Darstellung von **x** eindeutig.

28. **x** ist eindeutig als Linearkombination der Basisvektoren darstellbar, und die Koeffizienten dieser Linearkombination sind die Koordinaten von **x** bezüglich der benutzten Basis

$$B = \{\mathbf{b_1}, \ldots, \mathbf{b_n}\}, \ \mathbf{x} = \sum_{i=1}^{n} \alpha_i \mathbf{b_i}, \text{ dann } \mathbf{x} = \begin{pmatrix} \alpha_1 \\ \alpha_2 \\ \vdots \\ \alpha_n \end{pmatrix}_B .$$

Wenn zum Beispiel $\mathbf{x} = (x_1, x_2, x_3) \in \mathbb{R}^3$, dann gilt

$$\mathbf{x} = x_1 \begin{pmatrix} 1 \\ 0 \\ 0 \end{pmatrix} + x_2 \begin{pmatrix} 0 \\ 1 \\ 0 \end{pmatrix} + x_3 \begin{pmatrix} 0 \\ 0 \\ 1 \end{pmatrix}, \text{ und weil } \left\{ \begin{pmatrix} 1 \\ 0 \\ 0 \end{pmatrix}, \begin{pmatrix} 0 \\ 1 \\ 0 \end{pmatrix}, \begin{pmatrix} 1 \\ 0 \\ 0 \end{pmatrix} \right\}$$

eine Basis des $\mathbb{R}^3$ ist, sind x_1, x_2, x_3 die Koordinaten von **x** bezüglich dieser Basis.

29. $B = \{\mathbf{e_1}, \dots, \mathbf{e_n}\}$ ist eine Basis des $I\!R^n$, denn
a) jeder Vektor $\mathbf{x} = (x_1 \dots, x_n)^T \in I\!R^n$ ist eine Linearkombination der $\mathbf{e_i}$

$$\mathbf{x} = x_1 \begin{pmatrix} 1 \\ 0 \\ \vdots \\ 0 \end{pmatrix} + x_2 \begin{pmatrix} 0 \\ 1 \\ \vdots \\ 0 \end{pmatrix} + \cdots + x_n \begin{pmatrix} 0 \\ \vdots \\ 0 \\ 1 \end{pmatrix}.$$

b) B ist linear unabhängig, denn aus $\alpha_1\mathbf{e_1} + \cdots + \alpha_n\mathbf{e_n} = \mathbf{0}$ folgt $(\alpha_1, \alpha_2, \dots, \alpha_n)^T = (0; 0; \dots; 0)^T$, d.h. $\alpha_i = 0$ für alle i.

30. Für $\mathbf{x} = \mathbf{0}$ ist die Behauptung trivial.
Damit für $\mathbf{x} \neq \mathbf{0}$ der Ansatz $\alpha_1\mathbf{x_1} + \cdots + \alpha_p\mathbf{x_p} + \alpha\mathbf{x} = \mathbf{0}$ eine nicht-triviale Lösung besitzt, muß $\alpha \neq 0$ sein (sonst folgt $\alpha_1 = \alpha_2 = \cdots = \alpha_p = 0$, weil $\mathbf{x_1}, \dots, \mathbf{x_p}$ linear unabhängig sind). Dann gilt aber $\alpha\mathbf{x} = -\alpha_1\mathbf{x_1} - \cdots - \alpha_p\mathbf{x_p}$ bzw. $\mathbf{x} = -\frac{\alpha_1}{\alpha}\mathbf{x_1} - \cdots - \frac{\alpha_p}{\alpha}\mathbf{x_p}$, was zu begründen war.

31. 4 Vektoren des $I\!R^3$ sind stets linear abhängig und können deshalb keine Basis des $I\!R^3$ bilden.

Lösungen zu 1

1. a) $\mathbf{OP} = (-1; 3)^T$; b) $\mathbf{OX} = (0; 1; 0)^T$; c) $\mathbf{AB} = (2; 1; 1)^T$.

2. a) $\mathbf{PQ} = (-1; 2; 2)^T$; b) $|\mathbf{PQ}| = 3$; c) $\mathbf{PQ^0} = (-\frac{1}{3}; \frac{2}{3}; \frac{2}{3})^T$.

3. $\mathbf{A_1A_3} = \mathbf{a_1} + \mathbf{a_2}, \mathbf{A_1A_4} = \mathbf{a_1} + \mathbf{a_2} + \mathbf{a_3}, \mathbf{A_2A_4} = \mathbf{a_2} + \mathbf{a_3}$ (Abb. 1.7).

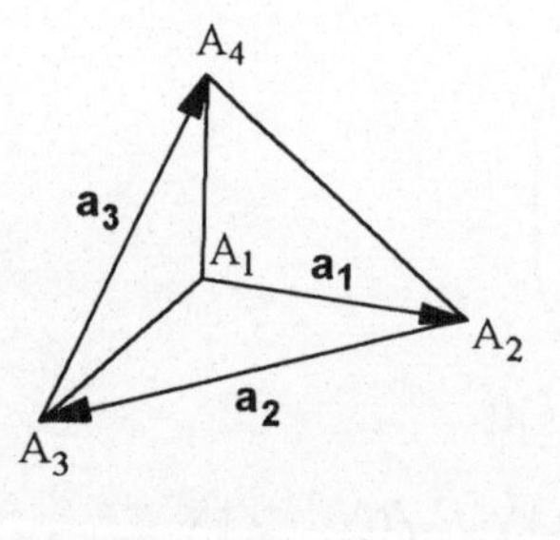

Abb. 1.7

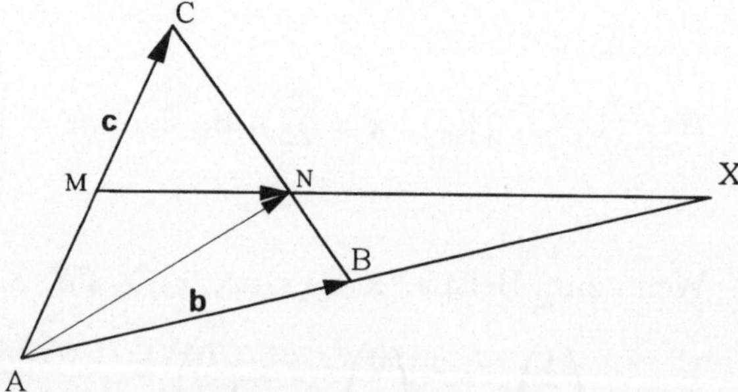

Abb. 1.8

4. $\mathbf{AN} = \mathbf{b} + \frac{2}{5}(\mathbf{c} - \mathbf{b}) = \frac{3}{5}\mathbf{b} + \frac{2}{5}\mathbf{c}$; $\mathbf{AM} = \frac{1}{2}\mathbf{c}$; $\mathbf{MN} = \frac{3}{5}\mathbf{b} - \frac{1}{10}\mathbf{c}$ (Abb. 1.8)
Ansatz: $\frac{1}{2}\mathbf{c} + \lambda(\frac{3}{5}\mathbf{b} - \frac{1}{10}\mathbf{c}) = \mu\mathbf{b} \Rightarrow \lambda = 5, \mu = 3 \Rightarrow \mathbf{AX} = (15; 3)^T$.

5. a) $\mathbf{e_3} = (0;0;1)^T$; b) $\mathbf{e_3} = (0;0;1;0;0)^T$; c) ex. nicht; d) $\mathbf{e_2} = (0;1;0;0)^T$.

6. $\mathbf{a} + \mathbf{b} = (6;-1;-2)^T$; $\mathbf{a} - \mathbf{b} = (-2;-3;4)^T$; $2\mathbf{a} + 5\mathbf{b} = (24;1;-13)^T$;
$5\mathbf{b} - 3\mathbf{a} = (14;11;-18)^T$; $|\mathbf{a}| = 3; |\mathbf{b}| = \sqrt{26}$; $|\mathbf{b} - 2\mathbf{a}| = 5\sqrt{2}$;
$\mathbf{a}^0 = (\frac{2}{3}; -\frac{2}{3}; \frac{1}{3})^T$.

7. $\mathbf{AB} = (2;-4;2+\lambda)^T, |\mathbf{AB}| = \sqrt{24 + 4\lambda + \lambda^2} = \sqrt{29} \Rightarrow \lambda_1 = 1, \lambda_2 = -5$.

8. $|\mathbf{a} \cdot \mathbf{b}| = ||\mathbf{a}| \cdot |\mathbf{b}| \cos \measuredangle(\mathbf{a}, \mathbf{b})| \leq |\mathbf{a}| \cdot |\mathbf{b}|$, weil $|\cos \measuredangle(\mathbf{a}, \mathbf{b})| \leq 1$.

9. $l = 3; \cos\alpha = \frac{\mathbf{AB} \cdot \mathbf{AC}}{|\mathbf{AB}| \cdot |\mathbf{AC}|} = \frac{2}{3} \Rightarrow \alpha \approx 48{,}19°$.

10. Es gibt kein $\lambda \in \mathbb{R}$, das die Gleichung erfüllt.

11. a) Nein, denn $(2;1;1)^T \in \mathbb{R}^3$, während $(-1;1) \in \mathbb{R}^2$.
b) $x_1 \begin{pmatrix} 0 \\ 0 \\ 0 \end{pmatrix} + x_2 \begin{pmatrix} 1 \\ 1 \\ 1 \end{pmatrix} + x_3 \begin{pmatrix} 0 \\ 2 \\ 2 \end{pmatrix} = \begin{pmatrix} -2 \\ 0 \\ 0 \end{pmatrix} \Rightarrow x_2 = -2, x_3 = 1, x_1$ beliebig,
d.h., es gibt beliebig viele Linearkombinationen, die den Vektor $(-2;0;0)^T$ ergeben.
c) $(-2;0;0)^T$ ist keine Linearkombination der gegebenen Vektoren.

12. a) $|\mathbf{a}| = 9$; $\cos\alpha_1 = \frac{1}{9}$, $\cos\alpha_2 = -\frac{4}{9}$, $\cos\alpha_3 = \frac{8}{9}$,
b) $|\mathbf{a}| = 9$; $\cos\alpha_1 = \frac{4}{9}$, $\cos\alpha_2 = \frac{7}{9}$, $\cos\alpha_3 = -\frac{4}{9}$.

13. $\mathbf{a_1} = (2;6;3)^T$; $\alpha_1 = 73{,}4°$; $\alpha_2 = 31°$; $\alpha_3 = 64{,}6°$,
$\mathbf{a_2} = (2;-6;3)^T$; $\alpha_1 = 73{,}4°$; $\alpha_2 \approx 149°$; $\alpha_3 = 64{,}6°$.

14. (Abb. 1.9) $\lambda\mathbf{y} \cdot (\mathbf{x} - \lambda\mathbf{y}) = 0 \Rightarrow \lambda = \frac{\mathbf{x} \cdot \mathbf{y}}{\mathbf{y} \cdot \mathbf{y}} \Rightarrow \mathbf{x_y} = \frac{\mathbf{x} \cdot \mathbf{y}}{\mathbf{y} \cdot \mathbf{y}} \mathbf{y}$,

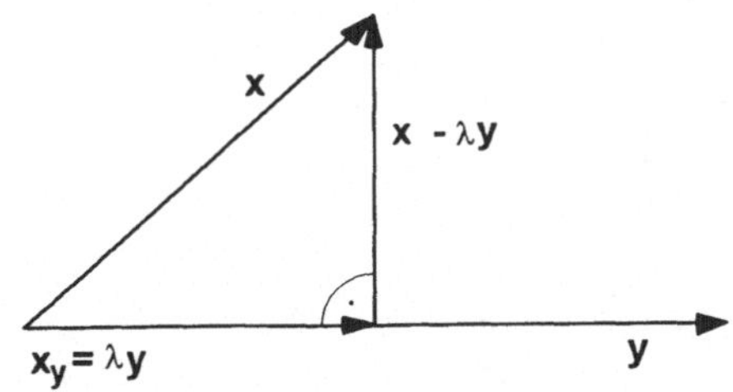

Abb. 1.9

15. a) $a_b = -\frac{7}{\sqrt{10}} = -2{,}2; \mathbf{a_b} = (-2{,}1; -0{,}7)^T$;
b) $a_b = \frac{7}{\sqrt{10}} = 2{,}2; \mathbf{a_b} = (2{,}1; 0{,}7)^T$;
c) $a_b = \frac{4}{\sqrt{3}} = 2{,}3; \mathbf{a_b} = (2{,}\overline{2}; -0{,}\overline{4}; 0{,}\overline{4})^T$.

16. a) $\mathbf{a}^0 + \mathbf{b}^0 = (1;1)^T; \mathbf{w}^\circ = (\mathbf{a}^0 + \mathbf{b}^0)^0 = (\frac{1}{\sqrt{2}}; \frac{1}{\sqrt{2}})^T.$
b) $\mathbf{a}^0 + \mathbf{b}^0 = \frac{1}{21}(-1;-4;5)^T; \mathbf{w}^\circ = (\mathbf{a}^0 + \mathbf{b}^0)^0 = \frac{1}{\sqrt{42}}(-1;-4;5)^T.$

17. a) $\mathbf{a}\cdot\mathbf{b} = 4;\quad \mathbf{b}\cdot\mathbf{c} = 0;\quad (\mathbf{a}\cdot\mathbf{b})\mathbf{c} = (-12;4;12)^T;$
$\mathbf{a}(\mathbf{b}\cdot\mathbf{c}) = \mathbf{0};\quad (\mathbf{a}\cdot\mathbf{c})\mathbf{b} = (6;9;3)^T.$
b) $\mathbf{a}\times\mathbf{b} = (-6;3;3)^T;\quad \mathbf{b}\times\mathbf{a} = (6;-3;-3)^T;\quad \mathbf{a}\times\mathbf{a} = \mathbf{0};$
$\mathbf{c}\times\mathbf{a} = (2;9;-1)^T.$
c) $\mathbf{a}\cdot(\mathbf{b}\times\mathbf{c}) = 30;\quad (\mathbf{a}\times\mathbf{b})\cdot\mathbf{c} = 30;\quad (\mathbf{a}\times\mathbf{b})\cdot\mathbf{a} = 0.$
d) $\mathbf{a}\times(\mathbf{b}\times\mathbf{c}) = (18;5;-9)^T;\quad (\mathbf{a}\times\mathbf{b})\times\mathbf{c} = (6;9;3)^T.$

18. (Abb. 1.10) $\mathbf{x} = \mathbf{h} - \mathbf{r};\quad \mathbf{y} = \mathbf{h} + \mathbf{r}; \mathbf{x}\cdot\mathbf{y} = \mathbf{h}\cdot\mathbf{h} - \mathbf{r}\cdot\mathbf{r} = |\mathbf{h}|^2 - |\mathbf{r}|^2 = 0,$
weil $|h| = |r|$ (Radien) $\Rightarrow$ $\mathbf{x}$ orthogonal $\mathbf{y}$.

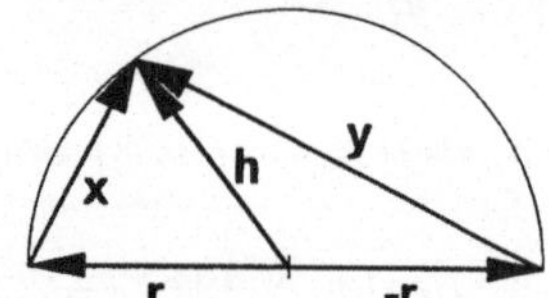

Abb. 1.10

19. Volumen $V_T = 14$; Oberfläche $0_T = 42,85$.

20. Die vier Punkte sind komplanar, wenn das Tetraedervolumen verschwindet; es ergibt sich $P_4 = (0;0;\frac{1}{3})$.

21. $\mathbf{P_1P_2} \times \mathbf{P_1P_3} = \mathbf{0} \Rightarrow a = 1.$

22. $\lambda = \frac{6}{7}$.

23. $q = 4;\quad p = -13.$

24. a) $x_1 \begin{pmatrix}1\\1\\1\end{pmatrix} + x_2 \begin{pmatrix}2\\-1\\4\end{pmatrix} + x_3 \begin{pmatrix}-2\\2\\-1\end{pmatrix} = \begin{pmatrix}0\\0\\0\end{pmatrix} \Rightarrow$

$$\begin{array}{rcrcrl} x_1 & + & 2x_2 & - & 2x_3 & = 0 \\ x_1 & - & x_2 & + & 2x_3 & = 0 \\ x_1 & + & 4x_2 & - & x_3 & = 0 \end{array} \Rightarrow \begin{array}{rcrcrl} x_1 & + & 2x_2 & - & 2x_3 & = 0 \\ & - & 3x_2 & + & 4x_3 & = 0 \\ & & & & \frac{11}{3}x_3 & = 0. \end{array}$$

Es existiert nur die Lösung $x_1 = x_2 = x_3 = 0$, das Vektorsystem ist linear unabhängig.

b) $$\begin{array}{rcrcrl} 3x_1 & + & 2x_2 & + & 5x_3 & = 0 \\ -x_1 & & & - & 3x_3 & = 0 \\ 2x_1 & + & x_2 & + & 4x_3 & = 0 \end{array} \Rightarrow \begin{array}{lcr} x_1 & = & -3x_3 \\ x_2 & = & 2x_3 \\ x_3 & \text{beliebig}\,. & \end{array}$$

Es existieren beliebig viele nicht-triviale Lösungen, das Vektorsystem ist linear abhängig; z.B. gilt $-3\mathbf{a}+2\mathbf{b}+\mathbf{c}=\mathbf{0}$, wenn $x_3=1$ gewählt wird.
c) Das Vektorsystem ist linear abhängig; z.B. gilt $2\mathbf{a}+3\mathbf{b}-\mathbf{c}=\mathbf{0}$.

25. a) $\alpha_1(\mathbf{a}+2\mathbf{b})+\alpha_2(\mathbf{b}-\mathbf{a})+\alpha_3\mathbf{c}=\mathbf{0} \Rightarrow (\alpha_1-\alpha_2)\mathbf{a}+(2\alpha_1+\alpha_2)\mathbf{b}+\alpha_3\mathbf{c}=\mathbf{0}$, und weil $\mathbf{a},\mathbf{b},\mathbf{c}$ linear unabhängig vorausgesetzt sind, muß gelten $\alpha_1-\alpha_2=0;\quad 2\alpha_1+\alpha_2=0;\quad \alpha_3=0 \Rightarrow \alpha_1=\alpha_2=\alpha_3=0$, d.h., $\mathbf{x},\mathbf{y},\mathbf{z}$ sind linear unabhängig.
b) $\alpha_1(\mathbf{a}-\mathbf{b})+\alpha_2(\mathbf{a}-\mathbf{c})+\alpha_3(\mathbf{b}-\mathbf{c})=0 \Rightarrow \alpha_1+\alpha_2=0;$ $\alpha_3-\alpha_1=0; \alpha_2+\alpha_3=0 \Rightarrow$ z.B. $\alpha_1=-\alpha_2; \alpha_3=-\alpha_2; \alpha_2$ beliebig, d.h., $\mathbf{x},\mathbf{y},\mathbf{z}$ sind linear abhängig.
c), d) in beiden Beispielen sind $\mathbf{x},\mathbf{y},\mathbf{z}$ linear unabhängig.

26. $x_1\begin{pmatrix}5\\-3\\-2\end{pmatrix}+x_2\begin{pmatrix}2\\2\\-3\end{pmatrix}+x_3\begin{pmatrix}1\\-4\\2\end{pmatrix}=\begin{pmatrix}0\\0\\0\end{pmatrix} \Rightarrow x_1=x_2=x_3=0$, d.h., die drei Vektoren sind linear unabhängig und bilden somit eine Basis des $\mathbb{R}^3$.

$x_1\begin{pmatrix}5\\-3\\-2\end{pmatrix}+x_2\begin{pmatrix}2\\2\\-3\end{pmatrix}+x_3\begin{pmatrix}1\\-4\\2\end{pmatrix}=\begin{pmatrix}2\\4\\-3\end{pmatrix} \Rightarrow x_1=-14; x_2=25;$ $x_3=22$ sind die Koordinaten von $\mathbf{p}$ bezüglich der Basis $\{\mathbf{a},\mathbf{b},\mathbf{c}\}$.

27. $\alpha_1\mathbf{x}+\alpha_2\mathbf{y}+\alpha_3\mathbf{z}=\mathbf{0} \Rightarrow (12+\lambda)\alpha_1+13\alpha_3=0$ und $4\alpha_1+8\alpha_3=0$, d.h., für $\lambda \neq -12$ existieren beliebig viele nicht-triviale Lösungen, und $\mathbf{x},\mathbf{y},\mathbf{z}$ sind in diesen Fällen linear abhängig.

28. a) $\alpha_1\mathbf{x}+\alpha_2\mathbf{y}+\alpha_3\mathbf{z}=\mathbf{c}$ hat für alle $\mathbf{c}\in\mathbb{R}^3$ eine eindeutig bestimmte Lösung $\Rightarrow \{\mathbf{x},\mathbf{y},\mathbf{z}\}$ und ist ein Erzeugendensystem des $\mathbb{R}^3$.
Es gilt z.B. $\mathbf{a}=2\mathbf{x}-\mathbf{y}$ und $\mathbf{b}=8\mathbf{x}-\frac{3}{2}\mathbf{y}-3\mathbf{z}$.
b) Es gilt $\mathbf{a}=6\mathbf{x}-2\mathbf{z}$, aber $\mathbf{b}$ ist keine Linearkombination dieser Vektoren, weil $\alpha_1\mathbf{x}+\alpha_2\mathbf{y}+\alpha_3\mathbf{z}=\mathbf{b}$ unlösbar ist. Also ist $\{\mathbf{x},\mathbf{y},\mathbf{z}\}$ kein Erzeugendensystem des $\mathbb{R}^3$.

29. a) $\mathbf{c}=-4\mathbf{a_1}+2\mathbf{a_2}+5\mathbf{a_3}$,
b) $\mathbf{c}=\ \ 2\mathbf{b_1}+3\mathbf{b_2}+0\mathbf{b_3}$,
c) $\mathbf{c}=-7\mathbf{c_1}-2\mathbf{c_2}+5\mathbf{c_3}$,
d) $\mathbf{c}$ ist als Linearkombination der gegebenen Vektoren darstellbar, aber nicht eindeutig. Der Rang des Vektorsystems $\{\mathbf{d_1},\mathbf{d_2},\mathbf{d_3}\}$ ist gleich 2, und $\mathbf{c}$ ist im (beispielsweise) durch $\mathbf{d_1},\mathbf{d_2}$ erzeugten Unterraum enthalten.
e) $\mathbf{c}$ ist nicht als Linearkombination der gegebenen Vektoren darstellbar. Der Rang des Vektorsystems $\{\mathbf{v_1},\mathbf{v_2},\mathbf{v_3}\}$ ist gleich 2, und $\mathbf{c}$ ist nicht im (beispielsweise) durch $\mathbf{v_1},\mathbf{v_2}$ erzeugten Unterraum enthalten.

30. Das aus dem Ansatz $\sum_{i=1}^{5} \alpha_i \mathbf{a}_i = \mathbf{0}$ folgende Gleichungssystem läßt sich umformen zu:

$$\begin{array}{l} \alpha_1 + 2\alpha_2 + \alpha_3 - \alpha_4 \qquad\quad = 0 \\ \qquad \alpha_2 - \alpha_3 - \alpha_4 - 2\alpha_5 = 0 \\ \qquad\qquad \alpha_3 + \qquad \alpha_5 = 0 \end{array} \quad \text{bzw.} \quad \begin{array}{r} \alpha_1 + 2\alpha_2 + \alpha_3 = \alpha_4 \\ \alpha_2 - \alpha_3 = \alpha_4 + 2\alpha_5 \\ \alpha_3 = \quad - \alpha_5 \end{array}$$

Es existieren in diesem Fall, ausgehend von der hier gewählten äquivalenten Umformung des Gleichungssystems, unendlich viele, nicht-triviale Lösungen, die durch die freie Wahl von α_4 und α_5 erzeugt werden können: wählt man z.B. $\alpha_4 = 1, \alpha_5 = 0 \Rightarrow \alpha_3 = 0, \alpha_2 = 1, \alpha_1 = -1$, und somit ist $-\mathbf{a_1} + \mathbf{a_2} + 0 \cdot \mathbf{a_3} + \mathbf{a_4} + 0 \cdot \mathbf{a_5} = \mathbf{0}$.
Für den auf $\mathbf{a_1}, \mathbf{a_2}, \mathbf{a_3}$ reduzierten Ansatz folgt bei gleicher Rechnung

$$\begin{array}{rrrl} \alpha_1 & + \; 2\alpha_2 & +\alpha_3 & = 0 \\ & \alpha_2 & -\alpha_3 & = 0 \\ & & \alpha_3 & = 0 \end{array} \quad \Rightarrow \quad \alpha_1 = \alpha_2 = \alpha_3 = 0.$$

Damit ist $S_1 = \{\mathbf{a_1}, \mathbf{a_2}, \mathbf{a_3}\}$ ein Teilsystem von drei linear unabhängigen Vektoren. S_1 ist keine Basis des $\mathbb{R}^4$, da eine solche aus 4 Vektoren bestehen müßte.

31. a) Die Angaben sind mit der Voraussetzung verträglich. Es handelt sich um 2 Einheitsvektoren $\mathbf{a}, \mathbf{b}$, die einen Winkel von 120° bilden und auf denen $\mathbf{c}$ senkrecht steht.

b) Wegen $\mathbf{b} \cdot \mathbf{c} = -2$ folgt unter diesen Bedingungen $\measuredangle(\mathbf{b}, \mathbf{c}) = 180°$, d.h. z.B. $\mathbf{c} = -2\mathbf{b}$. Damit ergibt die Hinzunahme eines weiteren Vektors stets ein System linear abhängiger Vektoren - im Widerspruch zur Voraussetzung.

32. $\alpha_1\mathbf{a} + \alpha_2\mathbf{b} + \alpha_3\mathbf{c} = 0 \Rightarrow \alpha_1 = \alpha_2 = \alpha_3 = 0$, d.h., S ist linear unabhängig. $\mathbf{v} = 2\mathbf{a} - 4\mathbf{b} + 0 \cdot \mathbf{c}$ und eine Linearkombination, deren Koeffizienten alle von Null verschieden sind, existiert nicht. Eine nicht-triviale Linearkombination des Nullvektors aus $\mathbf{a}, \mathbf{b}, \mathbf{c}$ existiert ebenfalls nicht, da $\mathbf{a}, \mathbf{b}, \mathbf{c}$ linear unabhängig sind.

33. $\alpha_1\mathbf{a} + \alpha_2\mathbf{b} + \alpha_3\mathbf{c} = \mathbf{0} \Rightarrow$ es existieren unendlich viele Lösungen,
$\alpha_1\mathbf{a} + \alpha_2\mathbf{b} + \alpha_3\mathbf{c} = \mathbf{e_1} \Rightarrow$ unlösbar,
$\alpha_1\mathbf{a} + \alpha_2\mathbf{b} + \alpha_3\mathbf{c} = \mathbf{v} \Rightarrow$ es existieren unendlich viele Lösungen.
Also gilt $\mathbf{0} \in L(S), \mathbf{e_1} \notin L(S), \mathbf{v} \in L(S)$.
Wegen $\mathbf{b} = -\frac{2}{7}\mathbf{a}$ und $\mathbf{c} = -\frac{2}{5}\mathbf{a}$ folgt $\dim L(S) = 1$; $L(S)$ wird bereits von nur einem Vektor, z.B. $\mathbf{a}$, erzeugt. Mit $\mathbf{a} \in L(S)$ ist auch $\mathbf{a^0} = \frac{1}{\sqrt{249}}(-2;7;14)^T \in L(S)$.

34. a) Angenommen, es existiert $\mathbf{x} \in \mathbb{R}^4$ mit $\mathbf{x} \neq \mathbf{0}$ und $\mathbf{x} \in L(S_1)$ und $\mathbf{x} \in L(S_2)$, d.h. $\mathbf{x} = \alpha_1\mathbf{a_1} + \alpha_2\mathbf{b_1} = \beta_1\mathbf{a_2} + \beta_2\mathbf{b_2}$; dann folgt mit $\alpha_3 := -\beta_1, \alpha_4 := -\beta_2, \alpha_1\mathbf{a_1} + \alpha_2\mathbf{b_1} + \alpha_3\mathbf{a_2} + \alpha_4\mathbf{b_2} = \mathbf{0}$; dieses System besitzt nur die triviale Lösung $\alpha_1 = \alpha_2 = \alpha_3 = \alpha_4 = 0$ im Widerspruch zu $\mathbf{x} \neq \mathbf{0}$. Folglich gilt $L(S_1) \cap L(S_2) = \{\mathbf{0}\}$ und somit auch
b) $\mathbf{a_1} \in L(S_1)$ und $\mathbf{a_1} \notin L(S_2)$ und
c) $\mathbf{a_2} \notin L(S_1)$ und $\mathbf{a_2} \in L(S_2)$.
d) Beispielsweise gehört $\mathbf{y} = \mathbf{a_1} + \mathbf{a_2} \neq \mathbf{0}$ weder zu $L(S_1)$ noch zu $L(S_2)$. Wegen dieser Ergebnisse sind alle aufgeführten Mengenrelationen falsch.

35. $\alpha_1\mathbf{a_1} + \alpha_2\mathbf{a_2} + \alpha_3\mathbf{a_3} = \mathbf{0} \Rightarrow \alpha_1 = \alpha_2 = \alpha_3 = 0$. Folglich ist $S = \{\mathbf{a}_1, \mathbf{a}_2, \mathbf{a}_3\}$ ein linear unabhängiges Erzeugendensystem, also eine Basis eines 3-dimensionalen Unterraumes des $\mathbb{R}^4$, d.h. $m = 3, n = 4$. Aus $\alpha_1\mathbf{a_1} + \alpha_2\mathbf{a_2} + \alpha_3\mathbf{a_3} = \mathbf{x}$ folgt $\alpha_1 = 3, \alpha_2 = 4, \alpha_3 = 0$, und $\mathbf{x} = (3; 4; 0)^T$ ist die gesuchte Koordinatendarstellung.

36. Die Addition und die Multiplikation mit reellen Zahlen führen nicht aus U heraus, denn für beliebige $x_1, y_1, \lambda \in \mathbb{R}$ gilt

$$\begin{pmatrix} x_1 \\ 0 \\ 0 \end{pmatrix} + \begin{pmatrix} y_1 \\ 0 \\ 0 \end{pmatrix} = \begin{pmatrix} x_1 + y_1 \\ 0 \\ 0 \end{pmatrix} \in U, \lambda \begin{pmatrix} x_1 \\ 0 \\ 0 \end{pmatrix} = \begin{pmatrix} \lambda x_1 \\ 0 \\ 0 \end{pmatrix} \in U.$$

2 Determinanten und Matrizen

2.1 Determinanten

Schwerpunkte:

Definition n-reihiger Determinanten, Eigenschaften und Bezeichnungen, Berechnung zwei- und dreireihiger Determinanten, Berechnung n-reihiger Determinanten nach dem Entwicklungssatz und nach dem Gaußschen Algorithmus, Anwendungen

$$\mathbf{A} = \begin{pmatrix} a_{11}a_{12}\ldots a_{1n} \\ a_{21}a_{22}\ldots a_{2n} \\ \vdots \\ a_{n1}a_{n2}\ldots a_{nn} \end{pmatrix}$$

ist eine (n-reihige) quadratische Matrix, d.h. eine Anordnung von n^2 Elementen a_{ik} (z.B. Zahlen) in n Zeilen und n Spalten. Der Doppelindex kennzeichnet Zeilen- und Spaltennummer.

Determinante von A

$$\det \mathbf{A} = |\mathbf{A}| = \begin{vmatrix} a_{11} & \cdots & a_{1n} \\ \vdots & & \vdots \\ a_{n1} & \cdots & a_{nn} \end{vmatrix} := \sum_{p\in S_n} \operatorname{sgn} p \cdot a_{1p(1)} \cdot a_{2p(2)} \cdot \ldots \cdot a_{np(n)}$$

(S_n Menge aller Permutationen der Zahlen $(1, 2, ..., n)$, $\operatorname{sgn} p$ Vorzeichen der Permutation $p \in S_n$. $p(k)$ ist diejenige Zahl, die bei der Permutation p an der k-ten Stelle steht).

$$n = 2: \begin{vmatrix} a_{11} & a_{12} \\ a_{21} & a_{22} \end{vmatrix} := a_{11}a_{22} - a_{21}a_{12},$$

$$n = 3: \begin{vmatrix} a_{11} & a_{12} & a_{13} \\ a_{21} & a_{22} & a_{23} \\ a_{31} & a_{32} & a_{33} \end{vmatrix}$$

$$:= a_{11}a_{22}a_{33} + a_{12}a_{23}a_{31} + a_{13}a_{21}a_{32} - a_{13}a_{22}a_{31} - a_{12}a_{21}a_{33} - a_{11}a_{23}a_{32}.$$

Bezeichnungen

1. $\det \mathbf{A}$ heißt auch (Funktions-)Wert der Determinante.

2. Alle Elemente $a_{ii}, i = 1, \dots, n$, bilden die Hauptdiagonale und die Elemente $a_{1n}, a_{2(n-1)}, a_{3(n-2)}, \dots, a_{n1}$ die Nebendiagonale.

3. $\mathbf{U_{ik}}$ heißt die zum Element a_{ik} gehörende $(n-1)$-reihige Unterdeterminante der n-reihigen Determinante $\det \mathbf{A}$, wenn $\mathbf{U_{ik}}$ durch Streichen der i-ten Zeile und k-ten Spalte aus $\det \mathbf{A}$ hervorgeht.

4. $\mathbf{A_{ik}} = (-1)^{i+k} \cdot \mathbf{U_{ik}}$ heißt Adjunkte des Elementes a_{ik} von $\det \mathbf{A}$.

Eigenschaften (elementare Umformungen einer Determinante)

1. Der Wert einer Determinante ändert sich nicht, wenn man ein Vielfaches einer Zeile (Spalte) zu einer parallelen Zeile (Spalte) addiert.

2. Wenn man genau zwei Zeilen (Spalten) vertauscht, ändert sich das Vorzeichen der Determinante.

3. Aus einer Zeile (Spalte) kann ein gemeinsamer Faktor ausgeklammert und als Faktor vor die verbleibende Determinante geschrieben werden.

Berechnung einer n-reihigen Determinante durch Entwicklung nach einer Zeile bzw. Spalte:
Multipliziert man alle Elemente einer (beliebigen) Zeile bzw. Spalte jeweils mit ihren zugehörigen Adjunkten, so ist die Summe dieser n Produkte gleich $\det \mathbf{A}$.
Die Entwicklung nach den Elementen der i-ten Zeile ergibt z.B.:
$\det \mathbf{A} = \sum\limits_{k=1}^{n} a_{ik} \cdot \mathbf{A}_{ik} = \sum\limits_{k=1}^{n} a_{ik}(-1)^{i+k}\mathbf{U}_{ik}, \quad i \in \{1, \dots, n\}$, beliebig.

Durch wiederholte Anwendung insbesondere der 1. elementaren Umformung kann schrittweise erreicht werden, daß $a'_{ik} = 0$ für alle $i > k; i, k \in \{1, \dots, n\}$, d.h.

$$\begin{vmatrix} a_{11} & a_{12} & \cdots & a_{1n} \\ a_{21} & a_{22} & \cdots & a_{2n} \\ \vdots & \vdots & & \vdots \\ a_{n1} & a_{n2} & \cdots & a_{nn} \end{vmatrix} = \!\longrightarrow\! = \begin{vmatrix} a'_{11} & a'_{12} & \cdots & a'_{1n} \\ 0 & a'_{22} & & \vdots \\ 0 & 0 & \ddots & \\ \vdots & \vdots & & \vdots \\ 0 & 0 & \cdots & a'_{nn} \end{vmatrix} .$$

Dann ergibt sich durch Entwicklung der Determinante bzw. der jeweils verbleibenden Unterdeterminante nach der ersten Spalte: $\det \mathbf{A} = a'_{11} \cdot a'_{22} \cdot \ldots \cdot a'_{nn}$.
Durchführung in tabellarischer Form $\Longrightarrow$ Gaußscher Algorithmus (s. Kap. 3).

Anwendungen

1. Vektorprodukt im $\mathbb{R}^3$

$$\mathbf{x} \times \mathbf{y} = \begin{vmatrix} i & j & k \\ x_1 & x_2 & x_3 \\ y_1 & y_2 & y_3 \end{vmatrix} = \begin{pmatrix} x_2y_3 - x_3y_2 \\ x_3y_1 - x_1y_3 \\ x_1y_2 - x_2y_1 \end{pmatrix} .$$

Die Determinante wurde nach der 1. Zeile entwickelt.

2. Spatprodukt im $\mathbb{R}^3$

$$(\mathbf{xyz}) = \begin{vmatrix} x_1 & x_2 & x_3 \\ y_1 & y_2 & y_3 \\ z_1 & z_2 & z_3 \end{vmatrix} .$$

3. Eine n-reihige Determinante $|\mathbf{A}|$ kann als System von n Spaltenvektoren oder Zeilenvektoren aufgefaßt werden, und es gilt:
$|\mathbf{A}| \neq 0 \Leftrightarrow$ das System der n Spalten- bzw. Zeilen-Vektoren ist linear unabhängig; falls $|\mathbf{A}| = 0$, so ist es linear abhängig.

Bemerkung: Eigenschaften des Vektor- und Spatproduktes ergeben sich aus der Anwendung elementarer Umformungen auf die genannten Determinanten.

Fragen zu 2.1

1. Welche Art von Funktion wird durch eine n-reihige Determinante, deren Elemente a_{ik} Variable für reelle Zahlen sind, definiert?

2. Welches Vergleichsbild ergibt sich, wenn man alle Elemente einer n-reihigen Determinante durch das Vorzeichen ersetzt, das sich durch den entsprechenden Faktor in der Adjunktendarstellung des jeweiligen Elements ergibt?

3. Wie begründet man das Verschwinden einer n-reihigen Determinante, wenn vorausgesetzt ist,
a) daß der 1. Spaltenvektor ein k-faches, $k \neq 0$, des 2. Spaltenvektors ist,
b) daß der 3. Spaltenvektor eine (nicht-triviale) Linearkombination der ersten beiden Spaltenvektoren ist?

4. Wie multipliziert man eine Determinante, z.B. $\det \mathbf{A} = \begin{vmatrix} 1 & 4 \\ -2 & 3 \end{vmatrix}$, in Anwendung einer elementaren Umformung mit einem Faktor λ ?

5. Wie lautet die Entwicklung einer n-reihigen Determinante nach der k-ten Spalte, $k \in \{1, \ldots, n\}$?

6. Wieviel Möglichkeiten gibt es,
   a) eine 3-reihige Determinate,
   b) eine n-reihige Determinante
   zu entwickeln, und wieviel verschiedene Ergebnisse sind dabei möglich?

7. Wieviel 2-reihige Determinanten sind (maximal) zu berechnen, wenn man die Berechnung einer 4-reihigen Determinante mit Hilfe von Entwicklungen schrittweise auf die Berechnung 2-reihiger Determinanten zurückführt?

8. Welche Strategie ist bei der Anwendung elementarer Umformungen zu verfolgen, wenn sich Vorteile für die Berechnung einer n-reihigen Determinante ergeben sollen?

9. Welche Aussage ergibt sich für den Rang des Systems der Spaltenvektoren einer n-reihigen Determinante, wenn der Wert der Determinante gleich Null ist?

10. Wie kann man mit Hilfe von Determinanten überprüfen, ob n gegebene Vektoren $\mathbf{x}_1, \ldots, \mathbf{x}_n$ eine Basis des $\mathbb{R}^n$ bilden?

11. Welche Auswirkung hat die Subtraktion des α-fachen einer Zeile von einer anderen Zeile auf den Wert der Determinante?

12. Welche markanten Eigenschaften des Vektor- bzw. Spatproduktes lassen sich mit speziellen Eigenschaften von Determinanten begründen?

13. Für welche Determinanten ist die Regel von Sarrus anwendbar, und wie erfolgt die Durchführung?

Aufgaben zu 2.1

1. Berechnen Sie die folgenden 2-reihigen Determinanten:

$$\text{a)}\begin{vmatrix} 1 & -4 \\ 7 & -7 \end{vmatrix}, \quad \text{b)}\begin{vmatrix} 0 & -3 \\ -7 & 4 \end{vmatrix}, \quad \text{c)}\begin{vmatrix} -3 & -6 \\ 6 & 12 \end{vmatrix}, \quad \text{d)}\begin{vmatrix} 4\sin\alpha & -2\cos\alpha \\ 2\cos\alpha & \sin\alpha \end{vmatrix},$$

$$\text{e)}\begin{vmatrix} 3 & 6-i \\ 2+i & -4 \end{vmatrix}, \quad \text{f)}\ f(x) = \begin{vmatrix} x+1 & 1 \\ x^2 & x^2-x+1 \end{vmatrix}\ !$$

2. Berechnen Sie (möglichst vorteilhaft) folgende Determinanten:

$$\text{a)} \begin{vmatrix} 3 & -4 & 2 \\ 7 & 5 & 11 \\ -6 & 8 & -4 \end{vmatrix}, \quad \text{b)} \begin{vmatrix} 1 & 0 & -2 \\ 7 & 8 & -1 \\ 1 & 2 & 3 \end{vmatrix}, \quad \text{c)} \begin{vmatrix} \cos 2x & \sin 2x & 1 \\ \cos x & \sin x & \cos x \\ -\sin x & \cos x & \sin x \end{vmatrix},$$

$$\text{d)} \begin{vmatrix} -24 & 48 & 16 \\ 1 & -3 & -1 \\ -9 & 18 & 6 \end{vmatrix}, \quad \text{e)} \begin{vmatrix} 1 & 1 & 0 & 0 \\ 1 & 2 & 1 & 0 \\ 0 & 1 & 3 & 1 \\ 0 & 0 & 1 & 4 \end{vmatrix}, \quad \text{f)} \begin{vmatrix} 5 & -1 & 0 & 2 \\ 0 & -1 & 1 & 0 \\ 0 & 0 & 2 & 0 \\ 0 & 0 & 0 & 6 \end{vmatrix},$$

$$\text{g)} \begin{vmatrix} a\cos\varphi & b\sin\varphi \\ -a\sin\varphi & b\cos\varphi \end{vmatrix}!$$

3. Berechnen Sie durch vorteilhafte Nutzung der elementaren Umformungen folgende Determinanten:

$$\text{a)} \begin{vmatrix} 2 & 0 & -2 \\ 8 & 3 & -1 \\ 1 & 0 & 0 \end{vmatrix}, \quad \text{b)} \begin{vmatrix} 3 & 0 & 3 & 3 \\ -3 & 3 & 0 & 0 \\ 0 & 3 & -3 & 0 \\ 3 & -3 & 0 & -3 \end{vmatrix}!$$

4. Bestimmen Sie alle Lösungen folgender Gleichungen:

$$\text{a)} \begin{vmatrix} 3 & x & 2 \\ x & 1 & 0 \\ 1 & 1 & 2 \end{vmatrix} = 0, \quad \text{b)} \begin{vmatrix} x & 1 & 2 \\ -1 & x & 1 \\ 4 & 2 & x \end{vmatrix} = 0!$$

5. Berechnen Sie die folgenden 4-reihigen Determinanten:

$$\text{a)} \begin{vmatrix} 3 & 1 & 2 & 4 \\ 1 & 3 & 6 & 2 \\ 6 & 3 & 2 & 5 \\ 5 & 3 & 2 & 2 \end{vmatrix}, \quad \text{b)} \begin{vmatrix} 1 & 0 & 2 & -2 \\ 3 & -2 & 2 & 0 \\ 2 & -2 & 0 & 4 \\ 4 & -4 & 1 & 2 \end{vmatrix}!$$

6. Für welche λ-Werte sind folgende Determinanten gleich Null:

$$\text{a)} \begin{vmatrix} 2-\lambda & 1 \\ 4 & 3+\lambda \end{vmatrix}, \quad \text{b)} \begin{vmatrix} 4+\lambda & -2 & 3 \\ 0 & 4+\lambda & 2 \\ 4 & 0 & 4+\lambda \end{vmatrix}?$$

7. Berechnen Sie die, wie folgt erklärte, Determinante:

$\mathbf{D} = |a_{ik}|$ mit $a_{ik} = i - k, 1 \leq i, k \leq 4$!

8. Beweisen Sie für die 4-reihige Vandermondesche Determinante:

$$\mathbf{V}_4 = \begin{vmatrix} 1 & 1 & 1 & 1 \\ x_1 & x_2 & x_3 & x_4 \\ x_1^2 & x_2^2 & x_3^2 & x_4^2 \\ x_1^3 & x_2^3 & x_3^3 & x_4^3 \end{vmatrix} = \prod_{\substack{i,k=1 \\ i<k}}^{4} (x_i - x_k) \; !$$

9. Welchen Wert hat die folgende Determinante:

$$\mathbf{D} = \begin{vmatrix} 48^3 & 48^2 & 48 & 1 \\ 50^3 & 50^2 & 50 & 1 \\ 52^3 & 52^2 & 52 & 1 \\ 54^3 & 54^2 & 54 & 1 \end{vmatrix} \; ?$$

10. Berechnen Sie folgende Determinanten:

a) $$\begin{vmatrix} (a-1)^2 & a^2 & (a+1)^2 \\ (b-1)^2 & b^2 & (b+1)^2 \\ (c-1)^2 & c^2 & (c+1)^2 \end{vmatrix},$$

b) $$\begin{vmatrix} a-1 & a+1 & a \\ a & a-1 & a+1 \\ a+1 & a & a-1 \end{vmatrix},$$

c) $$\begin{vmatrix} 1 & 1 & 1 & 1 \\ 1 & x & 1 & 1 \\ 1 & 1 & y & 1 \\ 1 & 1 & 1 & z \end{vmatrix},$$

d) $$\begin{vmatrix} -1 & 0 & b & a \\ 0 & 1 & a & -b \\ a & b & 0 & 1 \\ -b & a & -1 & 0 \end{vmatrix} \; !$$

2.2 Matrizen

Schwerpunkte:

Begriff der Matrix, Typ einer Matrix, Transponieren, spezielle Matrizen, Addition und Subtraktion von Matrizen, Multiplikation von Matrizen mit einem Skalar, Multiplikation von Matrizen mit Matrizen, Rang einer Matrix, inverse Matrix, Matrizengleichungen

Matrix A

$$\mathbf{A} = \begin{pmatrix} a_{11} & a_{12} & \cdots & a_{1n} \\ a_{21} & a_{22} & \cdots & a_{2n} \\ \vdots & & & \vdots \\ a_{m1} & a_{m2} & \cdots & a_{mn} \end{pmatrix} = \mathbf{A}_{(\mathbf{m},\mathbf{n})} = (a_{ij})_{\substack{i=1,\dots,m \\ j=1,\dots,n}}$$

ist eine Anordnung von $m \cdot n$ Elementen in m Zeilen und n Spalten (der Doppelindex kennzeichnet Zeilen- und Spaltennummer eines Elementes).

$(a_{i1}\ a_{i2} \cdots a_{in})$ i-ter Zeilenvektor von $\mathbf{A}, i = 1, \dots, m$,

$\begin{pmatrix} a_{1j} \\ a_{2j} \\ \vdots \\ a_{mj} \end{pmatrix}$ j-ter Spaltenvektor von $\mathbf{A}, j = 1, \dots, n$.

Definitionen

Typ einer Matrix $\mathbf{A} : \tau(\mathbf{A}) := (m, n)$, wenn $\mathbf{A}$ m Zeilen und n Spalten besitzt; deshalb auch $\mathbf{A} = \mathbf{A}_{(\mathbf{m},\mathbf{n})}$.

$\mathbf{A}^\mathbf{T}$ heißt Transponierte (Matrix) von $\mathbf{A}$, wenn die Zeilen (Spalten) von $\mathbf{A}$ die Spalten (Zeilen) von $\mathbf{A}^\mathbf{T}$ sind (bei gleicher Reihenfolge der Elemente), und es gilt $(\mathbf{A}^\mathbf{T})^\mathbf{T} = \mathbf{A}$.

$\mathbf{A}$ heißt (n-reihige) quadratische Matrix, wenn $m = n$.

$\mathbf{A}$ heißt untere (obere) Dreiecksmatrix, wenn $\mathbf{A}$ quadratisch ist und $a_{ij} = 0$ für alle $i < j (i > j)$.

$\mathbf{A}$ heißt Diagonalmatrix, wenn $\mathbf{A}$ quadratisch und $a_{ij} = 0$ für $i \neq j$.

$\mathbf{E}_{(\mathbf{n},\mathbf{n})}$ heißt Einheitsmatrix n-ter Ordnung genau dann, wenn $\mathbf{E}$ eine Diagonalmatrix ist und $e_{ij} = 1$ für $i = j$.

$\mathbf{A}$ heißt symmetrisch, wenn $\mathbf{A}$ quadratisch ist und $a_{ij} = a_{ji}$ für alle i, j.

Gleichheit und Rechenoperationen

1. **Gleichheit**
   $\mathbf{A} = \mathbf{B} \Leftrightarrow \tau(\mathbf{A}) = \tau(\mathbf{B})$ und $a_{ij} = b_{ij}$ für alle i, j;

2. **Addition/Subtraktion** von Matrizen (für Matrizen desselben Typs)
   $\mathbf{A_{(m,n)}} \pm \mathbf{B_{(m,n)}} = \mathbf{C_{(m,n)}} = (c_{ij})_{\substack{i=1,\dots,m\\ j=1,\dots,n}}$ mit $c_{ij} := a_{ij} \pm b_{ij}$;

3. **Multiplikation einer Matrix mit einem Skalar α**
   $$\alpha \cdot \mathbf{A_{(m,n)}} = \alpha \cdot (a_{ij}) = (\alpha \cdot a_{ij})_{\substack{i=1,\dots,m\\ j=1,\dots,n}};$$

4. **Multiplikation von Matrizen mit Matrizen**
   Genau dann, wenn $\tau(\mathbf{A}) = (m,n)$ und $\tau(\mathbf{B}) = (n,q)$, d.h. die Spaltenzahl von $\mathbf{A}$ gleich der Zeilenzahl von $\mathbf{B}$ ist, existiert das Produkt
   $$\mathbf{A_{(m,n)}} \cdot \mathbf{B_{(n,q)}} = \mathbf{C_{(m,q)}} = (c_{ij})_{\substack{i=1,\dots,m\\ j=1,\dots,q}}$$
   mit $c_{ij} = (a_{i1}, a_{i2}, \dots, a_{in}) \cdot \begin{pmatrix} b_{1j} \\ b_{2j} \\ \vdots \\ b_{nj} \end{pmatrix} = \sum\limits_{k=1}^{n} a_{ik} b_{kj}$ (das Skalarprodukt des i-ten Zeilenvektors von $\mathbf{A}$ mit dem j-ten Spaltenvektor von $\mathbf{B}$).
   Bemerkung: $\mathbf{A_{(1,n)}} \cdot \mathbf{B_{(n,1)}} = \mathbf{C_{(1,1)}} = (c_{11})$ ist eine Zahl, die das Skalarprodukt $\mathbf{a_1^T} \cdot \mathbf{b_1} = \sum\limits_{k=1}^{n} a_{1k} b_{k1} = c_{11}$ der Vektoren $\mathbf{a_1}$ und $\mathbf{b_1}$ darstellt (vgl. S. 12).

Rang

Der Rang r einer Matrix $\mathbf{A_{(m,n)}}$: $r = \mathrm{rg}(\mathbf{A_{(m,n)}})$;
r ist sowohl der Rang des Systems der Zeilenvektoren von $\mathbf{A}$ als auch der Rang des Systems der Spaltenvektoren von $\mathbf{A}$.
Der Rang bleibt bei elementaren Umformungen einer Matrix unverändert.
Diese elementaren Umformungen sind:
1. Vertauschen von Zeilen (Spalten),
2. Multiplikation aller Elemente einer Zeile (Spalte) mit einem Faktor $a \neq 0$,
3. Addition des Vielfachen einer Zeile (Spalte) zu einer anderen Zeile (Spalte).

Rangbestimmung:
Durch elementare Umformungen kann eine zu untersuchende Matrix schrittweise in eine Matrix von besonderer Gestalt überführt werden (z.B. Dreiecks- oder Trapezform), deren Rang unmittelbar abgelesen werden kann.

Inverse Matrix

$\mathbf{A}$ ist eine reguläre Matrix, wenn $\mathbf{A}$ quadratisch ist und $\det \mathbf{A} \neq 0$.

$\mathbf{A}^{-1}$ heißt inverse Matrix von $\mathbf{A}$ genau dann, wenn $\mathbf{A}^{-1} \cdot \mathbf{A} = \mathbf{A} \cdot \mathbf{A}^{-1} = \mathbf{E}$.

$\mathbf{A}^{-1}$ existiert nur für reguläre Matrizen.

Berechnung von $\mathbf{A}^{-1}$:

1. Möglichkeit
$\mathbf{A}_{(\mathbf{n},\mathbf{n})}$ regulär, dann $\mathbf{A}^{-1} = \frac{1}{\det \mathbf{A}}(\mathbf{A}_{\mathbf{ij}})^T_{i,j=1,\ldots,n}$, ($\mathbf{A}_{\mathbf{ij}}$ Adjunkte von a_{ij})

2. Möglichkeit
$(\mathbf{A}_{(\mathbf{n},\mathbf{n})}\mathbf{E}_{(\mathbf{n},\mathbf{n})})$ bedeutet eine Matrix vom Typ $(n, 2n)$, die durch Anfügen der Einheitsmatrix $\mathbf{E}_{(\mathbf{n},\mathbf{n})}$ an die Matrix $\mathbf{A}_{(\mathbf{n},\mathbf{n})}$ entsteht. Erzeugt man in den ersten n Spalten dieser Matrix durch elementare Umformungen eine Einheitsmatrix, so bilden die letzten n Spalten die Inverse von $\mathbf{A}$.
In tabellarischer Form:

$A_{(n,n)}$	$E_{(n,n)}$
$\vdots$	$\vdots$
$E_{(n,n)}$	$A^{-1}_{(n,n)}$

Matrizengleichungen - einfache Grundtypen

1. $\mathbf{A} + \mathbf{X} = \mathbf{B}$.
   Alle Matrizen müssen den gleichen Typ besitzen, dann gilt $\mathbf{X} = \mathbf{B} - \mathbf{A}$.

2. $\mathbf{A} \cdot \mathbf{X} = \mathbf{B}$.
   Wenn $\tau(\mathbf{A} \cdot \mathbf{X}) = \tau(\mathbf{B})$ und $\mathbf{A}$ regulär ist, dann gilt $\mathbf{X} = \mathbf{A}^{-1} \cdot \mathbf{B}$ (die Ausgangsgleichung ist von links mit $\mathbf{A}^{-1}$ multipliziert worden).

3. $\mathbf{X} \cdot \mathbf{A} = \mathbf{B}$.
   Wenn $\tau(\mathbf{X} \cdot \mathbf{A}) = \tau(\mathbf{B})$ und $\mathbf{A}$ regulär ist, dann gilt $\mathbf{X} = \mathbf{B} \cdot \mathbf{A}^{-1}$.

4. $\mathbf{A} \cdot \mathbf{X} + \mathbf{B} = \alpha \mathbf{X}$.
   Wenn $\tau(\mathbf{A} \cdot \mathbf{X}) = \tau(\mathbf{B}) = \tau(\mathbf{X})$ ist, dann folgt zunächst $(\mathbf{A} - \alpha \mathbf{E})\mathbf{X} = -\mathbf{B}$.
   Wenn $(\mathbf{A} - \alpha \mathbf{E})$ regulär ist, folgt $\mathbf{X} = (\mathbf{A} - \alpha \mathbf{E})^{-1} \cdot (-\mathbf{B})$.

Fragen zu 2.2

14. Für welche Matrizen gilt $\mathbf{A} = \mathbf{A^T}$?

15. Welchen Typ hat die Transponierte von $\mathbf{A_{(m,n)}}$?

16. Unter welchen Voraussetzungen existieren für eine Matrix $\mathbf{A_{(m,n)}}$
a) die Summe $\mathbf{A} + \mathbf{A^T}$,
b) die Produkte $\mathbf{A} \cdot \mathbf{A^T}$ und $\mathbf{A^T} \cdot \mathbf{A}$, und von welchem Typ sind ggf. die Ergebnisse?

17. Wie lautet der i-te Zeilenvektor bzw. j-te Spaltenvektor einer Einheitsmatrix $\mathbf{E_{(n,n)}}$?

18. Bei welcher Anzahl z von Elementen ist es nicht möglich, diese in Matrizenform mit mindestens 2 Zeilen und mindestens 2 Spalten anzuordnen?

19. Welchen Typ hat die Matrix $\mathbf{A}$ bzw. $\mathbf{A^T}$, wenn $\mathbf{A} \in \mathbb{R}^n$ gilt?

20. Welche Matrizen sind zugleich obere und untere Dreiecksmatrizen?

21. Welche Matrizen können mit sich selbst multipliziert werden?

22. Unter welchen Typ-Voraussetzungen existiert sowohl das Produkt $\mathbf{A} \cdot \mathbf{B}$ als auch das Produkt $\mathbf{B} \cdot \mathbf{A}$ zweier Matrizen? Sind dann auch beide Produkte vom gleichen Typ oder gilt sogar Kommutativität?

23. Welche besondere Matrix ergibt sich, wenn man eine quadratische Matrix $\mathbf{A}$ mit ihrer Transponierten unter folgenden Bedingungen multipliziert?
1. Jeder Zeilenvektor von $\mathbf{A}$ sei ein Einheitsvektor.
2. Alle Zeilenvektoren von $\mathbf{A}$ sind paarweise zueinander orthogonal.

24. Worauf beruht, daß $\det \mathbf{A} = \det \mathbf{A^T}$?

25. Welche Gestalt hat die Matrix $\mathbf{A^k} = \underbrace{\mathbf{A} \cdot \mathbf{A} \cdot \mathbf{A} \cdot \ldots \cdot \mathbf{A}}_{\text{k mal}}$, wenn $\mathbf{A}$ eine Diagonalmatrix ist?

26. Ist das Produkt von Diagonalmatrizen gleicher Zeilenzahl wieder eine Diagonalmatrix? Sind diese Produkte kommutativ?

27. Welche obere Abschätzung gilt für den Rang einer Matrix $\mathbf{A_{(m,n)}}$?

28. Welchen Rang hat eine 3-reihige Matrix $\mathbf{A}$, bei welcher der erste Spaltenvektor (kein Nullvektor) dem Zweifachen des 2. Spaltenvektors entspricht und der 3. Spaltenvektor der Nullvektor ist?

29. Welche speziellen Matrizen $\mathbf{A} = (a_{ij})_{i,j=1,\ldots,n}$ ergeben sich, wenn
a) $a_{ij} = \begin{cases} 1 & \text{für} \quad i \neq j \\ 0 & \text{für} \quad i = j \end{cases}$, b) $a_{ij} = i + j$ für $i, j = 1, \ldots, n$?

30. Welche Forderung ist notwendig, damit eine Diagonalmatrix regulär ist?

31. Welchen Rang hat eine reguläre Matrix?

32. Welchen Rang hat die folgende Matrix, und wie begründet man diese Aussage?
$$\mathbf{A}_{(\mathbf{m},\mathbf{n})} = (a_{ij})_{\substack{i=1,\ldots,m \\ j=1,\ldots,n}} \quad \text{mit} \quad a_{ij} = \begin{cases} 1 & \text{wenn} \quad i = j \\ 0 & \text{sonst} \end{cases}$$

33. Unter welcher Voraussetzung sind zweireihige obere Dreiecksmatrizen zu sich selbst invers?

34. Wieviel dreireihige Diagonalmatrizen sind zu sich selbst invers?

35. Unter welchen Voraussetzungen sind folgende Matrizengleichungen nach $\mathbf{X}$ auflösbar?
a) $\mathbf{A}^{\mathbf{T}} \cdot \mathbf{X} - \mathbf{B} = \mathbf{B}^{\mathbf{T}} \cdot \mathbf{A}$,
b) $\mathbf{A}^{\mathbf{T}} \cdot \mathbf{B} - \mathbf{B}^{\mathbf{T}}(\mathbf{A} - \mathbf{X}) = \mathbf{E}_{(\mathbf{n},\mathbf{n})}$.

Aufgaben zu 2.2

11. Für die Matrizen $\mathbf{A} = \begin{pmatrix} 1 & -3 & 4 \\ 7 & 5 & 2 \end{pmatrix}$ und $\mathbf{B} = \begin{pmatrix} 2 & 8 & -2 \\ -4 & 0 & 6 \end{pmatrix}$

berechne man $\mathbf{A}^{\mathbf{T}}, \mathbf{A} + \mathbf{B}, \mathbf{A} - \mathbf{B}$, $3\mathbf{A}$ und $\frac{1}{2}\mathbf{B}$!

12. Berechnen Sie für
$$\mathbf{A} = \begin{pmatrix} 2 & 4 & 0 \\ 1 & 2 & 3 \end{pmatrix}, \mathbf{B} = \begin{pmatrix} 1 & 0 & 5 \\ 2 & -1 & 3 \end{pmatrix}, \mathbf{C} = \begin{pmatrix} 1 & 2 & 3 \\ 2 & 0 & 4 \end{pmatrix}$$
den Term $2\mathbf{A} + 3\mathbf{B} - 4\mathbf{C}$!

13. Beweisen Sie folgende Aussage: Jede quadratische Matrix $\mathbf{A}$ läßt sich als Summe einer symmetrischen Matrix $\mathbf{B}$ und einer schiefsymmetrischen Matrix $\mathbf{C}$ darstellen.

Stellen Sie $\mathbf{A} = \begin{pmatrix} 3 & 5 & -2 \\ 7 & 4 & 0 \\ 1 & 6 & 5 \end{pmatrix}$ als Summe einer symmetrischen und einer schiefsymmetrischen Matrix dar!

14. Gegeben ist eine Matrix $\mathbf{A}$ mit $\tau(\mathbf{A}) = (3,5)$ und eine Matrix $\mathbf{B}$ mit $\tau(\mathbf{B}) = (5,4)$.
Welche Produkte aus je zwei Matrizen sind unter Verwendung von $\mathbf{A}, \mathbf{A^T}$, $\mathbf{B}, \mathbf{B^T}$ möglich, und von welchem Typ sind die Produktmatrizen?

15. Gegeben sind $\mathbf{A} = \begin{pmatrix} 2 \\ 1 \end{pmatrix}$, $\mathbf{B} = (3; -1; 2), \mathbf{C} = \begin{pmatrix} 2 & 0 & 5 \\ 1 & 3 & 4 \end{pmatrix}$.

Prüfen Sie, welche der folgenden Matrizen $\mathbf{A}, \mathbf{A^T}, \mathbf{B}, \mathbf{B^T}, \mathbf{C}, \mathbf{C^T}$ miteinander verkettet sind! Führen Sie in diesem Fall die Multiplikationen aus und geben Sie den Typ der Produkte an!

16. Berechnen Sie für die Matrizen

$$\mathbf{A} = \begin{pmatrix} 1 & 2 & 0 \\ 3 & 2 & 1 \\ 0 & -1 & 1 \end{pmatrix} \quad \text{und} \quad \mathbf{B} = \begin{pmatrix} 1 & 1 & -2 \\ -2 & 0 & 0 \\ 0 & 1 & 3 \end{pmatrix}$$

die Produkte $\mathbf{A} \cdot \mathbf{B}, \mathbf{B} \cdot \mathbf{A}, \mathbf{A} \cdot \mathbf{B^T}, \mathbf{B} \cdot \mathbf{A^T}, \mathbf{A^T} \cdot \mathbf{B^T}$!

17. Bilden Sie das Produkt $\mathbf{A} \cdot \mathbf{B}$ für die Matrizen

a) $\mathbf{A} = \begin{pmatrix} 1 & 3 \\ 2 & 6 \end{pmatrix}$ und $\mathbf{B} = \begin{pmatrix} -3 & 6 \\ 1 & -2 \end{pmatrix}$,

b) $\mathbf{A} = \begin{pmatrix} a & \lambda a \\ b & \lambda b \end{pmatrix}$ und $\mathbf{B} = \begin{pmatrix} -\lambda a & \lambda b \\ a & -b \end{pmatrix}$!

Interpretieren Sie das Ergebnis!

18. Bilden Sie das Produkt $\mathbf{A} \cdot \mathbf{B}$ der Matrizen

$$\mathbf{A} = \begin{pmatrix} 2 & 5 & 1 \\ 0 & 3 & 2 \\ 0 & 0 & 4 \end{pmatrix} \quad \text{und} \quad \mathbf{B} = \begin{pmatrix} -1 & 5 & 3 \\ 0 & -2 & -2 \\ 0 & 0 & 5 \end{pmatrix} \;!$$

Beweisen Sie allgemein, daß das Produkt zweier oberer Dreiecksmatrizen wieder eine obere Dreiecksmatrix ist!

19. Es sei M die Menge aller Matrizen der Form $\begin{pmatrix} a & -b \\ b & a \end{pmatrix}$, wobei $a, b \in \mathbb{R}$ ist.

Zeigen Sie, daß Summe und Produkt zweier beliebiger Matrizen aus M wieder zu M gehören!

20. Prüfen Sie, ob folgende Matrizen regulär sind, und berechnen Sie gegebenenfalls die inverse Matrix!

$$\text{a) } \mathbf{A} = \begin{pmatrix} 1 & 1 \\ 1 & 3 \end{pmatrix}, \quad \text{b) } \mathbf{A} = \begin{pmatrix} 0 & -3 \\ 2 & 5 \end{pmatrix}, \quad \text{c) } \mathbf{A} = \begin{pmatrix} 3 & -6 \\ -4 & 8 \end{pmatrix},$$

$$\text{d) } \mathbf{A} = \begin{pmatrix} 2 & 1 & 0 \\ -1 & 3 & 5 \\ 3 & -2 & 2 \end{pmatrix}, \quad \text{e) } \mathbf{A} = \begin{pmatrix} 2 & 3 & -1 \\ 1 & 2 & 4 \\ 3 & 4 & -6 \end{pmatrix},$$

$$\text{f) } \mathbf{A} = \begin{pmatrix} 1 & 0 & -1 \\ 0 & 1 & 0 \\ -2 & 0 & 3 \end{pmatrix}, \quad \text{g) } \mathbf{A} = \begin{pmatrix} 1 & n & 0 & 0 \\ 0 & 1 & n & 0 \\ 0 & 0 & 1 & n \\ 0 & 0 & 0 & 1 \end{pmatrix}.$$

21. Sind folgende Matrizen zueinander invers?

$$\text{a) } \mathbf{X_1} = \begin{pmatrix} 3 & -2 \\ -1 & 1 \end{pmatrix} \quad \text{und} \quad \mathbf{Y_1} = \begin{pmatrix} 1 & 2 \\ 1 & 3 \end{pmatrix},$$

$$\text{b) } \mathbf{X_2} = \begin{pmatrix} 1 & 0 & -2 \\ 0 & 1 & 0 \\ -1 & 0 & 3 \end{pmatrix} \quad \text{und} \quad \mathbf{Y_2} = \begin{pmatrix} 3 & 0 & 2 \\ 0 & 2 & 0 \\ 1 & 0 & 1 \end{pmatrix},$$

$$\text{c) } \mathbf{X_3} = \begin{pmatrix} 1 & 0 & -2 \\ 0 & 1 & 0 \\ -1 & 0 & 3 \end{pmatrix} \quad \text{und} \quad \mathbf{Y_3} = \begin{pmatrix} 3 & 0 & 2 \\ 0 & 1 & 0 \\ 1 & 0 & 1 \end{pmatrix}.$$

22. Gegeben ist $\mathbf{A} = \begin{pmatrix} \sin\varphi & \cos\varphi \\ \cos\varphi & -\sin\varphi \end{pmatrix}$.

Berechnen Sie $\mathbf{A}^2$ und $\mathbf{A}^{-1}$! Welche Eigenschaft besitzt $\mathbf{A}$?

23. Für die Matrix $\mathbf{A} = \begin{pmatrix} 1 & 0 \\ a & 1 \end{pmatrix}$ berechne man $\mathbf{A}^3$ und mittels vollständiger Induktion $\mathbf{A}^n$!

24. Welchen Rang haben die Matrizen

$$\mathbf{A_1} = \begin{pmatrix} 2 & 3 \\ 4 & 1 \\ 0 & 2 \end{pmatrix}, \quad \mathbf{A_2} = \begin{pmatrix} 2 & 3 \\ 6 & 9 \end{pmatrix}, \quad \mathbf{A_3} = \begin{pmatrix} 1 & -2 & 7 \\ 2 & 1 & 4 \\ 3 & 4 & 1 \end{pmatrix},$$

$$\mathbf{A}_4 = \begin{pmatrix} 1 & 0 & 2 \\ 3 & 2 & -1 \\ 0 & -1 & 3 \end{pmatrix}, \quad \mathbf{A}_5 = \begin{pmatrix} 3 & 0 & -2 & 5 \\ 0 & 2 & 7 & -1 \\ 6 & 6 & 17 & 7 \end{pmatrix},$$

$$\mathbf{A}_6 = \begin{pmatrix} 2 & 1 & 2 & -1 & 4 \\ 3 & 7 & 0 & -1 & 5 \\ 1 & 2 & -3 & -1 & -4 \\ 1 & -8 & 12 & 0 & 15 \end{pmatrix} ?\ .$$

25. Zeigen Sie, daß jede quadratische Matrix 2. Ordnung der Gestalt $\mathbf{A} = \begin{pmatrix} a & b \\ c & d \end{pmatrix}$ folgenden Gleichungen genügt:
a) $\mathbf{A}^2 - (a+d)\mathbf{A} + \det \mathbf{A} \cdot \mathbf{E} = \mathbf{0}$,
b) $\frac{1}{c-b}[\mathbf{A}^2 - (\mathbf{A}^T)^2] - (a+d)\left[\begin{pmatrix} 1 & -1 \\ 1 & 1 \end{pmatrix} - \mathbf{E}\right] = \mathbf{0}$!

26. Gegeben ist die Matrizengleichung $\mathbf{B} \cdot \mathbf{C}^T - \mathbf{X}^T = 2\mathbf{A}$. Berechnen Sie $\mathbf{X}$ für

$$\mathbf{A} = \begin{pmatrix} 2 & -1 \\ -3 & 0 \\ 6 & -12 \end{pmatrix}, \quad \mathbf{B} = \begin{pmatrix} 2 & -1 & 3 \\ -1 & 2 & -5 \\ 3 & 6 & 1 \end{pmatrix}, \quad \mathbf{C} = \begin{pmatrix} 1 & 2 & -3 \\ 4 & 0 & 1 \end{pmatrix}!$$

27. a) Lösen Sie die Matrizengleichung $\mathbf{A} \cdot \mathbf{X}^T \cdot \mathbf{B}^{-1} = \mathbf{C}$ nach $\mathbf{X}$ auf (die Voraussetzungen für die Auflösbarkeit sollen erfüllt sein)!
b) Berechnen Sie $\mathbf{X}$ für

$$\mathbf{A} = \begin{pmatrix} 1 & 1 & 1 \\ 1 & 1 & -1 \\ 0 & 1 & 1 \end{pmatrix}, \quad \mathbf{B} = \begin{pmatrix} 1 & 0 \\ 0 & -1 \end{pmatrix}, \quad \mathbf{C} = \begin{pmatrix} 0 & 1 \\ 1 & 0 \\ 0 & 0 \end{pmatrix}!$$

28. Berechnen Sie $\mathbf{X}$ aus der Matrizengleichung $\mathbf{A} \cdot \mathbf{X} + \mathbf{C} = \mathbf{B}$ für

$$\mathbf{A} = \begin{pmatrix} 2 & -1 & 1 \\ 1 & 2 & 0 \\ 0 & 0 & 1 \end{pmatrix}, \quad \mathbf{B} = \begin{pmatrix} 3 & 1 & 1 & 1 \\ 1 & -1 & -1 & 3 \\ -1 & 6 & -5 & 0 \end{pmatrix} \text{ und}$$

$$\mathbf{C} = \begin{pmatrix} 1 & 2 & 3 & -3 \\ 0 & -1 & 2 & 2 \\ -1 & 2 & -4 & -2 \end{pmatrix}!$$

29. Für die Matrizen $\mathbf{A}, \mathbf{B}, \mathbf{C}, \mathbf{X}$ gelte die Gleichung $\mathbf{A}^T \cdot \mathbf{X} \cdot \mathbf{B} = \mathbf{C}$, wobei $\mathbf{A}$ und $\mathbf{B}$ regulär sind.
a) Stellen Sie die Gleichung nach $\mathbf{X}$ um!

b) Von welchem Typ müssen **A** und **B** gewählt werden, damit die Gleichung für $\tau(\mathbf{C}) = (5;3)$ sinnvoll wird?

c) Berechnen Sie **X** für

$$\mathbf{A} = \begin{pmatrix} 1 & 0 \\ -1 & 2 \end{pmatrix}, \quad \mathbf{B} = \begin{pmatrix} 1 & 1 & 1 \\ 2 & 1 & 1 \\ 6 & 3 & 4 \end{pmatrix}, \quad \mathbf{C} = \begin{pmatrix} 0 & 1 & -1 \\ 2 & 0 & 2 \end{pmatrix}!$$

30. Die Matrizengleichung $\mathbf{X} \cdot \mathbf{A} = \mathbf{B}^{\mathrm{T}}$ soll durch Multiplikation der Gleichung mit der Inversen von **A** gelöst werden.
Unter welchen Voraussetzungen ist das möglich?
Für welche Werte y ist diese Vorgehensweise im Falle

$$\mathbf{A} = \begin{pmatrix} y-1 & y & 1 \\ 0 & 1 & y \\ 2 & 0 & 2 \end{pmatrix} \quad \text{und} \quad \mathbf{B} = \begin{pmatrix} 1 & 0 & 2 & 0 \\ 0 & 1 & 1 & 2 \\ -1 & 0 & -6 & 4 \end{pmatrix} \text{ nicht möglich?}$$

Berechnen Sie **X** für $y = 0$!

Antworten zu 2

1. $\mathbf{D} = \det(a_{ik})$ mit $a_{ik} \in \mathbb{R}$ für alle $i, k = 1, \ldots, n$ ist eine reellwertige Funktion von n^2 unabhängigen reellen Variablen (den Elementen der Determinante).

2. Die Vorzeichen + und − wechseln auf den n^2 Plätzen der Elemente der Determinante wie auf einem Schachbrett die schwarzen und weißen Felder (→ Schachbrettregel).

3. a) Addiert man zur 1. Spalte das $(-k)$-fache der 2. Spalte, so entsteht in der 1. Spalte der Nullvektor. Durch die anschließende Entwicklung nach der 1. Spalte folgt das Verschwinden der Determinante.
b) Für $\mathbf{D} = \det(a_{ik}); i, k = 1, \ldots, n$ gelte nach Voraussetzung $a_{i3} = \alpha \cdot a_{i1} + \beta \cdot a_{i2}$ für $i = 1, \ldots, n$ mit $\alpha, \beta \neq 0$. Addiert man zur 3. Spalte das $(-\alpha)$-fache der 1. Spalte und anschließend als weiteren Schritt das $(-\beta)$-fache der 2. Spalte, so entsteht in der 3. Spalte der Nullvektor. Durch Entwicklung nach der 3. Spalte folgt $\mathbf{D} = 0$.

4. Man multipliziert alle Elemente einer beliebigen, aber fest gewählten Zeile (oder Spalte) mit dem Faktor λ. Das folgt als Umkehrung der elementaren Umformung, die das Ausklammern eines gemeinsamen Faktors aus allen Elementen einer Zeile (oder Spalte) der Determinante regelt. Im Beispiel

ergibt sich unter Beachtung aller Möglichkeiten:

$$\lambda \cdot \begin{vmatrix} 1 & 4 \\ -2 & 3 \end{vmatrix} = \begin{vmatrix} \lambda & 4\lambda \\ -2 & 3 \end{vmatrix} = \begin{vmatrix} 1 & 4 \\ -2\lambda & 3\lambda \end{vmatrix} = \begin{vmatrix} \lambda & 4 \\ -2\lambda & 3 \end{vmatrix} = \begin{vmatrix} 1 & 4\lambda \\ -2 & 3\lambda \end{vmatrix}.$$

5. $\det(a_{ij}) = \sum\limits_{i=1}^{n} a_{ik}(-1)^{i+k}\mathbf{U}_{ik} = \sum\limits_{i=1}^{n} a_{ik}\mathbf{A_{ik}}, k \in \{1, \ldots, n\}$, beliebig, fest.

6. Es gibt 6 Möglichkeiten eine drei-reihige Determinante, und allgemein $2n$ Möglichkeiten, eine n-reihige Determinante nach einer Zeile oder Spalte zu entwickeln. Alle Entwicklungen einer Determinante führen zum gleichen Ergebnis, nämlich dem Wert der Determinante (Entwicklungssatz).

7. Die Berechnung einer vier-reihigen Determinante führt auf maximal 12 zwei-reihige Determinanten (4 drei-reihige Determinanten, von denen jede auf 3 zwei-reihige Determinanten führen kann). Es sind weniger Determinanten zu berechnen, wenn die zur Entwicklung benutzte Zeile oder Spalte Nullen enthält.

8. Die Strategie, durch elementare Umformungen zu erreichen, daß in einer gewählten Zeile oder Spalte einer n-reihigen Determinante $(n-1)$ Nullen auftreten, führt dazu, daß bei der Entwicklung nach dieser Zeile oder Spalte nur noch eine $(n-1)$-reihige Determinante zu berechnen ist.
Das Erzeugen gewünschter Nullen geschieht nach folgendem Muster: Existieren z.B. in der i-ten Zeile wenigstens noch zwei von Null verschiedene Elemente a_{ik} und a_{ij} (sonst wäre das strategische Ziel schon erreicht), so führt die Addition des $(-\frac{a_{ij}}{a_{ik}})$-fachen der k-ten Spalte zur j-ten Spalte zu einer Null an der j-ten Stelle der i-ten Zeile.

9. Das Verschwinden einer n-reihigen Determinante bedeutet, daß das System der Zeilenvektoren wie auch der Spaltenvektoren linear abhängig ist. Damit muß der Rang des Systems der Spaltenvektoren kleiner als n sein.

10. Es sei $\mathbf{A} = (\mathbf{x_1}\mathbf{x_2}\cdots\mathbf{x_n})$ eine aus den zu überprüfenden Vektoren gebildete Matrix. Genau dann, wenn $\det\mathbf{A} \neq 0$, sind die n Vektoren linear unabhängig und bilden eine Basis des $\mathbb{R}^n$.

11. Die Subtraktion des α-fachen einer Zeile von einer anderen entspricht der Addition des $(-\alpha)$-fachen dieser Zeile zu der anderen und ist somit eine elementare Umformung, die am Wert der Determinante nichts ändert.

12. Ausgehend von der Determinantendarstellung des Vektor- bzw. Spatproduktes und der Eigenschaft, daß die Vertauschung zweier Zeilen bei einer

Determinante zu einem Vorzeichenwechsel führt, lassen sich Kommutativitätseigenschaften dieser Produkte begründen:

$$\mathbf{x}\times\mathbf{y} = \begin{vmatrix} \mathbf{i} & \mathbf{j} & \mathbf{k} \\ x_1 & x_2 & x_3 \\ y_1 & y_2 & y_3 \end{vmatrix} = - \begin{vmatrix} \mathbf{i} & \mathbf{j} & \mathbf{k} \\ y_1 & y_2 & y_3 \\ x_1 & x_2 & x_3 \end{vmatrix} = -(\mathbf{y}\times\mathbf{x})$$

und desgl. für das Spatprodukt

$(\mathbf{xyz}) = -(\mathbf{xzy}) = (\mathbf{zxy}) \cdots$ usw.

Im Zusammenhang mit der Eigenschaft, daß aus einer Zeile einer Determinante ein gemeinsamer Faktor ausgeklammert werden kann (und umgekehrt, man vgl. die Antwort auf die 4. Frage s.o.), begründet man

$$\lambda(\mathbf{x}\times\mathbf{y}) = \lambda \begin{vmatrix} \mathbf{i} & \mathbf{j} & \mathbf{k} \\ x_1 & x_2 & x_3 \\ y_1 & y_2 & y_3 \end{vmatrix} = \begin{vmatrix} \mathbf{i} & \mathbf{j} & \mathbf{k} \\ \lambda x_1 & \lambda x_2 & \lambda x_3 \\ y_1 & y_2 & y_3 \end{vmatrix} =$$

$\lambda\mathbf{x}\times\mathbf{y} = \cdots = \mathbf{x}\times\lambda\mathbf{y}$.

13. Die Regel von Sarrus ist eine Rechenhilfe für die Berechnung 3-reihiger Determinanten (und nur für diese). Man fügt rechts an die zu berechnende Determinante noch einmal die 1. und 2. Spalte an. Es entstehen drei Haupt- und drei Nebendiagonalen. Von der Summe der drei Produkte der Elemente der Hauptdiagonalen subtrahiert man die Summe der drei Produkte der Elemente der Nebendiagonalen und erhält den Wert der Determinante.

$$\left|\begin{array}{ccc|cc} a_{11} & a_{12} & a_{13} & a_{11} & a_{12} \\ a_{21} & a_{22} & a_{23} & a_{21} & a_{22} \\ a_{31} & a_{32} & a_{33} & a_{31} & a_{32} \end{array}\right.$$

$$\mathbf{D} = a_{11}a_{22}a_{33} + a_{12}a_{23}a_{31} + a_{13}a_{21}a_{32} - a_{31}a_{22}a_{13} - a_{32}a_{23}a_{11} - a_{33}a_{21}a_{12}$$

14. Aus $\mathbf{A} = \mathbf{A^T}$ folgt wegen $\tau(\mathbf{A}) = \tau(\mathbf{A^T})$, daß $\mathbf{A}$ quadratisch sein muß und elementweise gilt $a_{ij} = a_{ji}$ für alle $i, j = 1, \ldots, n$. Also gilt $\mathbf{A} = \mathbf{A^T}$ nur für symmetrische Matrizen.

15. $\tau(\mathbf{A_{(m,n)}})^\mathbf{T} = (n, m)$.

16. a) $\mathbf{A} + \mathbf{A^T}$ existiert, wenn $\tau(\mathbf{A}) = \tau(\mathbf{A^T})$, d.h., $\mathbf{A}$ muß quadratisch sein, und es ist $\tau(\mathbf{A_{(n,n)}} + \mathbf{A^T_{(n,n)}}) = (n, n)$.
b) Für alle Matrizen $\mathbf{A_{(m,n)}}$ existieren die Produkte
$\mathbf{A_{(m,n)}} \cdot \mathbf{A^T_{(n,m)}}$ mit $\tau(\mathbf{A}\cdot\mathbf{A^T}) = (m, m)$ und
$\mathbf{A^T_{(n,m)}} \cdot \mathbf{A_{(m,n)}}$ mit $\tau(\mathbf{A^T}\cdot\mathbf{A}) = (n, n)$.

17. Der i-te Zeilenvektor von $\mathbf{E_{(n,n)}}$ hat an der i-ten Stelle eine 1, und alle anderen Elemente sind Null: $(0 \cdots 1 \cdots 0)$. Der j-te Spaltenvektor hat an der j-ten Stelle eine 1, und alle anderen Elemente sind Null: $(0 \cdots 1 \cdots 0)^T$.

18. Eine zugeordnete Matrix müßte $m \geq 2$ Zeilen und $n \geq 2$ Spalten besitzen und entsprechend $m \cdot n = z$ Elemente. Eine solche Beziehung existiert nicht, wenn z eine Primzahl ist.

19. Wenn $\mathbf{A} \in \mathbb{R}^n$, ist $\mathbf{A}$ ein n-dimensionaler Spaltenvektor, also $\tau(\mathbf{A}) = (n, 1)$ und $\tau(\mathbf{A^T}) = (1, n)$.

20. Wenn $\mathbf{A} = (a_{ij})$ zugleich obere und untere Dreiecksmatrix ist, folgt $\mathbf{A}$ ist quadratisch und $a_{ij} = 0$ für alle $i \neq j$; also ist $\mathbf{A}$ eine Diagonalmatrix.

21. $\mathbf{A_{(m,n)}} \cdot \mathbf{A_{(m,n)}}$ existiert, wenn die Spaltenzahl des ersten Faktors gleich der Zeilenzahl des zweiten Faktors ist, also wenn $m = n$ gilt, d.h., nur quadratische Matrizen können mit sich selbst multipliziert werden.

22. $\mathbf{A_{(m,n)}} \cdot \mathbf{B_{(p,q)}}$ existiert, wenn $n = p$, und $\mathbf{B_{(p,q)}} \cdot \mathbf{A_{(m,n)}}$ existiert, wenn $q = m$ gilt. Folglich existieren beide Produkte, wenn $\tau(\mathbf{A}) = (m, n)$ und $\tau(\mathbf{B}) = \tau(\mathbf{A^T}) = (n, m)$. Es ist aber $\tau(\mathbf{A} \cdot \mathbf{B}) = (m, m)$ und $\tau(\mathbf{B} \cdot \mathbf{A}) = (n, n)$, und somit gilt i.allg. $\tau(\mathbf{A} \cdot \mathbf{B}) \neq \tau(\mathbf{B} \cdot \mathbf{A})$. Für $m = n$, also wenn $\mathbf{A}$ und $\mathbf{B}$ quadratische Matrizen von gleichem Typ sind, gilt zwar $\tau(\mathbf{A} \cdot \mathbf{B}) = \tau(\mathbf{B} \cdot \mathbf{A})$, aber trotzdem keine allgemeine Kommutativität, wie am folgenden Gegenbeispiel zu erkennen ist:

$$\begin{pmatrix} 1 & 2 \\ -2 & 3 \end{pmatrix} \cdot \begin{pmatrix} 2 & -1 \\ 0 & 1 \end{pmatrix} = \begin{pmatrix} 2 & 1 \\ -4 & 5 \end{pmatrix}, \quad \text{aber}$$

$$\begin{pmatrix} 2 & -1 \\ 0 & 1 \end{pmatrix} \cdot \begin{pmatrix} 1 & 2 \\ -2 & 3 \end{pmatrix} = \begin{pmatrix} 4 & 1 \\ -2 & 3 \end{pmatrix}.$$

23. Es sei $\mathbf{A} \cdot \mathbf{A^T} = \mathbf{C} = (c_{ij})$. Dabei ist c_{ij} jeweils das Skalarprodukt des i-ten Zeilenvektors $\mathbf{a_i}$ von $\mathbf{A}$ mit dem j-ten Spaltenvektor von $\mathbf{A^T}$, d.i. aber der j-te Zeilenvektor $\mathbf{a_j}$ von $\mathbf{A}$. Also ergibt sich unter den angegebenen Voraussetzungen
$c_{ij} = \mathbf{a_i} \cdot \mathbf{a_j} = 0$, wenn $i \neq j$ (paarweise Orthogonalität);
$c_{ij} = \mathbf{a_i} \cdot \mathbf{a_j} = 1$, wenn $i = j$ $(\mathbf{a_i} \cdot \mathbf{a_i} = |\mathbf{a_i}|^2 = 1$, weil $\mathbf{a_i}$ Einheitsvektor)
und somit $\mathbf{A} \cdot \mathbf{A^T} = \mathbf{C} = \mathbf{E_{(n,n)}}$.

24. Jede Entwicklung von $\det \mathbf{A}$ nach einer Zeile/Spalte entspricht der Entwicklung von $\det \mathbf{A^T}$ nach einer Spalte/Zeile, und alle Ergebnisse sind nach dem Entwicklungssatz gleich.

25. Berechnet man zunächst $\mathbf{A^2}$

$$\mathbf{A^2} = \begin{pmatrix} a_{11} & & 0 \\ & \ddots & \\ 0 & & a_{nn} \end{pmatrix} \begin{pmatrix} a_{11} & & 0 \\ & \ddots & \\ 0 & & a_{nn} \end{pmatrix} = (c_{ij})$$

mit $c_{ij} = \begin{cases} 0, & \text{wenn } i \neq j \\ a_{ii}^2, & \text{wenn } i = j \end{cases}$, also

$$\mathbf{A^2} = \begin{pmatrix} a_{11}^2 & & 0 \\ & \ddots & \\ 0 & & a_{nn}^2 \end{pmatrix},$$ so ergibt sich (durch vollständige Induktion)

$$\mathbf{A^k} = \begin{pmatrix} a_{11}^k & & 0 \\ & \ddots & \\ 0 & & a_{nn}^k \end{pmatrix}.$$

26. Es seien $\mathbf{A_{(n,n)}} = (a_{kl})$ mit $a_{kl} = 0$ für $k \neq l$ und a_{kl} beliebig für $k = l$ und $\mathbf{B_{(n,n)}} = (b_{qp})$ mit $b_{qp} = 0$ für $p \neq q$ und b_{pq} beliebig für $p = q$. Es folgt $\mathbf{A} \cdot \mathbf{B} = \mathbf{C} = (c_{ij})$ mit $c_{ij} = \sum\limits_{k=1}^{n} a_{ik} b_{kj}$ für alle $i, j \in \{1, \ldots, n\}$, und somit

$$c_{ij} = \begin{cases} 0 & \text{für } i \neq j \\ a_{ii} b_{ii} & \text{für } i = j, \end{cases}$$ d.h., $\mathbf{C}$ ist eine Diagonalmatrix.

Außerdem gilt $\mathbf{B} \cdot \mathbf{A} = (d_{ij})$

mit $d_{ij} = \sum\limits_{k=1}^{n} b_{ik} a_{kj}$ für alle $i, j \in \{1, \ldots, n\}$,

und es gilt $d_{ij} = \begin{cases} 0 & \text{für } i \neq j \\ b_{ii} a_{ii} = a_{ii} b_{ii} & \text{für } i = j \end{cases}$,

also $d_{ij} = c_{ij}$ für alle $i, j \in \{1, \ldots, n\}$, d.h. $\mathbf{A} \cdot \mathbf{B} = \mathbf{B} \cdot \mathbf{A}$; die beschriebenen Produkte sind kommutativ.

27. $\text{rg}(\mathbf{A_{(m,n)}}) \leq \min(m, n)$.

28. $\text{rg}(\mathbf{A}) = 1$.

29. Es ergeben sich symmetrische Matrizen folgender Gestalt

a) $\begin{pmatrix} 0 & 1 & 1 & \cdots & 1 \\ 1 & 0 & 1 & \cdots & 1 \\ \vdots & \vdots & \vdots & \ddots & \vdots \\ 1 & 1 & 1 & \cdots & 0 \end{pmatrix}$, b) $\begin{pmatrix} 2 & 3 & 4 & \cdots & n+1 \\ 3 & 4 & 5 & \cdots & n+2 \\ \cdots & \cdots & \cdots & \cdots & \cdots \\ n+1 & n+2 & n+3 & \cdots & 2n \end{pmatrix}$.

30. Für eine Diagonalmatrix $\mathbf{A}_{(\mathbf{n},\mathbf{n})}$ gilt $\det \mathbf{A} = a_{11}a_{22}\cdots a_{nn}$, und somit ist $\mathbf{A}$ regulär, wenn $\det \mathbf{A} \neq 0$, d.h., $a_{ii} \neq 0$ für alle $i = 1, \ldots, n$.

31. $\mathbf{A}_{(\mathbf{n},\mathbf{n})}$ ist genau dann regulär, wenn $\text{rg}(\mathbf{A}) = n$.

32. Für $m \geq n$ besteht das System der Zeilenvektoren von $\mathbf{A}$ aus den n linear unabhängigen Einheitsvektoren $\mathbf{e_i} = (e_{i1}e_{i2}\cdots e_{in})$ mit $e_{ik} = 0$ für $i \neq k$ und $e_{ii} = 1$ für $i = 1, \ldots, m$ und weiteren $(m-n)$ Nullvektoren; also ist $\text{rg}(A) = n$.
Für $m < n$ folgt bei analoger Betrachtung des Systems der Spaltenvektoren $\text{rg}(A) = m$.
Zusammenfassend ergibt sich $\text{rg}(A) = \min(m, n)$.

33. Aus $\begin{pmatrix} a_{11} & a_{12} \\ 0 & a_{22} \end{pmatrix} \cdot \begin{pmatrix} a_{11} & a_{12} \\ 0 & a_{22} \end{pmatrix} = \begin{pmatrix} 1 & 0 \\ 0 & 1 \end{pmatrix}$

folgen die Bedingungen $a_{11}^2 = 1, a_{22}^2 = 1$ und $a_{12}(a_{11} + a_{22}) = 0$. Damit sind folgende 2-reihigen oberen Dreiecksmatrizen zu sich selbst invers:

$\begin{pmatrix} \pm 1 & 0 \\ 0 & \pm 1 \end{pmatrix}$ 4 Möglichkeiten,

$\begin{pmatrix} 1 & a_{12} \\ 0 & -1 \end{pmatrix}$ bzw. $\begin{pmatrix} -1 & a_{12} \\ 0 & 1 \end{pmatrix}$ mit a_{12} beliebig.

34. $\mathbf{A} = \begin{pmatrix} a_{11} & 0 & 0 \\ 0 & a_{22} & 0 \\ 0 & 0 & a_{33} \end{pmatrix}$ ist zu sich selbst invers,

wenn $a_{11}^2 = 1, a_{22}^2 = 1$ und $a_{33}^2 = 1$ gilt. Unter Berücksichtigung aller Vorzeichenkombinationen ergibt sich, daß es 8 derartige Matrizen gibt.

35. a) Es sei $\tau(\mathbf{A}) = (m, n), \tau(\mathbf{B}) = (p, q)$. $\mathbf{B^T} \cdot \mathbf{A}$ existiert, wenn $p = m$, und es ist dann $\tau(\mathbf{B^T} \cdot \mathbf{A}) = (q, n)$. Wegen $\tau(\mathbf{B}) = \tau(\mathbf{B^T} \cdot \mathbf{A})$, also $(p, q) = (q, n)$, folgt schließlich $m = p = q = n$. Wenn also $\mathbf{A}$ und $\mathbf{B}$ quadratische Matrizen vom gleichen Typ sind, ist diese Gleichung definiert, und es gilt $\mathbf{A^T} \cdot \mathbf{X} = \mathbf{B^T} \cdot \mathbf{A} + \mathbf{B}$. Wenn des weiteren $\mathbf{A}$ regulär ist, und somit auch $\mathbf{A^T}$, ergibt sich $\mathbf{X} = (\mathbf{A^T})^{-1} \cdot (\mathbf{B^T} \cdot \mathbf{A} + \mathbf{B})$.
b) Es sei $\tau(\mathbf{A}) = (k, m), \tau(\mathbf{B}) = (p, q)$. $\mathbf{A^T} \cdot \mathbf{B}$ existiert, wenn $k = p$, und es ist $\tau(\mathbf{A^T} \cdot \mathbf{B}) = (m, q)$. Wegen $\tau(\mathbf{A^T} \cdot \mathbf{B}) = \tau(\mathbf{E}_{(\mathbf{n},\mathbf{n})}) = (n, n)$ folgt $m = q = n$. Da $\tau(\mathbf{A}) = \tau(\mathbf{X}) = \tau(\mathbf{A} - \mathbf{X}) = (k, m)$ und $k = p$, existiert auch $\mathbf{B^T} \cdot (\mathbf{A} - \mathbf{X})$, und es ist ebenfalls $\tau(\mathbf{B^T} \cdot (\mathbf{A} - \mathbf{X})) = (q, m) = (n, n) = \tau(\mathbf{E}_{(n,n)})$. Die Gleichung ist also für $\tau(\mathbf{A}) = \tau(\mathbf{B}) = (k, n)$ definiert, und

es gilt $\mathbf{B^T} \cdot (\mathbf{A} - \mathbf{X}) = \mathbf{A^T} \cdot \mathbf{B} - \mathbf{E}_{(n,n)}$. Ist zusätzlich **B** regulär und somit auch $\mathbf{B^T}$, also u.a. auch $k = n$, so sind **A** und **B** n-reihige quadratische Matrizen, und es folgt unter diesen Bedingungen

$$\begin{aligned} \mathbf{A} - \mathbf{X} &= (\mathbf{B^T})^{-1} \cdot (\mathbf{A^T} \cdot \mathbf{B} - \mathbf{E}_{(n,n)}) \\ \mathbf{X} &= \mathbf{A} - (\mathbf{B^T})^{-1} \cdot (\mathbf{A^T} \cdot \mathbf{B} - \mathbf{E}_{(n,n)}). \end{aligned}$$

Lösungen zu 2

1. a) 21, b) -21, c) 0, d) $4(\sin^2\alpha + \cos^2\alpha) = 4$, e) $-25 - 4i$, f) $f(x) = x^3 - x^2 + 1$.

2. a) 0, weil die 3. Zeile das (-2)-fache der 1. Zeile ist,
   b) 14,
   c) Entwicklung nach der 1. Zeile führt zu
   $\cos 2x(\sin^2 x - \cos^2 x) - \sin 2x(2\sin x\cos x) + (\sin^2 x + \cos^2 x)$
   $= (\cos^2 x - \sin^2 x)(\sin^2 x - \cos^2 x) - 4\sin^2 x\cos^2 x + 1 =$
   $-(\cos^4 x + 2\sin^2 x\cos^2 x + \sin^4 x) + 1 = -(\cos^2 x + \sin^2 x)^2 + 1 = 0.$
   d) Ausklammern gemeinsamer Faktoren aus der 1. und 3. Zeile ergibt
   $$8 \cdot 3 \begin{vmatrix} -3 & 6 & 2 \\ 1 & -3 & -1 \\ -3 & 6 & 2 \end{vmatrix} = 0, \quad \text{weil z.B. zwei gleiche Zeilen auftreten.}$$
   e) 7,
   f) 60 (Produkt der Elemente der Hauptdiagonalen, weil eine obere Dreiecksmatrix vorliegt),
   g) ab.

3. a) 6 (Entwicklung nach der 3. Zeile oder 2. Spalte),
   b) 162 (Vereinfachung, wenn man aus jeder Zeile oder Spalte den Faktor 3 ausklammert).

4. a) $x^2 - x - 2 = 0$ ergibt $x_1 = 2$, $x_2 = -1$,
   b) $x(x^2 - 9) = 0$ ergibt $x_1 = 0, x_{2/3} = \pm 3$.

5. a) 56, b) 16.

6. a) $\lambda^2 + \lambda - 2 = 0$ ergibt $\lambda_1 = 1, \lambda_2 = -2$,
   b) $\lambda(\lambda^2 + 12\lambda + 36) = 0$ ergibt $\lambda_1 = 0, \lambda_{2/3} = -6$.

7. Es ergibt sich folgende Determinante

$$\mathbf{D} = \begin{vmatrix} 0 & -1 & -2 & -3 \\ 1 & 0 & -1 & -2 \\ 2 & 1 & 0 & -1 \\ 3 & 2 & 1 & 0 \end{vmatrix} = 0.$$

Das Ergebnis erhält man durch Entwicklung nach der 1. Spalte, nachdem dort in der 3. und 4. Zeile Nullen erzeugt wurden.

8. Durch Subtraktion der 1. Spalte von allen anderen Spalten ergibt sich

$$\mathbf{V_4} = \begin{vmatrix} 1 & 0 & 0 & 0 \\ x_1 & x_2 - x_1 & x_3 - x_1 & x_4 - x_1 \\ x_1^2 & x_2^2 - x_1^2 & x_3^2 - x_1^2 & x_4^2 - x_1^2 \\ x_1^3 & x_2^3 - x_1^3 & x_3^3 - x_1^3 & x_4^3 - x_1^3 \end{vmatrix},$$

und durch Entwicklung (1. Zeile) und anschließendes Ausklammern $\mathbf{V_4} = (x_2 - x_1)(x_3 - x_1)(x_4 - x_1) \cdot \mathbf{V_4^*}$, wobei

$$\mathbf{V_4^*} = \begin{vmatrix} 1 & 1 & 1 \\ x_2 + x_1 & x_3 + x_1 & x_4 + x_1 \\ x_2^2 + x_1x_2 + x_1^2 & x_3^2 + x_1x_3 + x_1^2 & x_4^2 + x_1x_4 + x_1^2 \end{vmatrix}.$$

Erneut werden in der 1. Zeile (2. und 3. Spalte) Nullen erzeugt und anschließend entwickelt:

$$\begin{aligned} \mathbf{V_4} &= (x_2 - x_1)(x_3 - x_1)(x_4 - x_1) \cdot [(x_3 - x_2)(x_4 - x_2)(x_1 + x_2 + x_4) \\ &\quad -(x_4 - x_2)(x_3 - x_2)(x_1 + x_2 + x_3)] \\ \mathbf{V_4} &= (x_2 - x_1)(x_3 - x_1)(x_4 - x_1)(x_3 - x_2)(x_4 - x_2)(x_4 - x_3) \\ &= \prod_{\substack{i,k=1 \\ i<k}}^{4} (x_i - x_k). \end{aligned}$$

9. 768 (es liegt eine Vandermondesche Determinante vor).

10. a) Subtrahiert man von der 1. und 3. Spalte die 2. Spalte, addiert dann zur neuen 1. Spalte die neue 3. Spalte und subtrahiert danach von der wiederum neuen 2. und 3. Zeile die 1. Zeile, so ergibt das

$$\begin{vmatrix} 2 & a^2 & 2a+1 \\ 0 & b^2 - a^2 & 2(b-a) \\ 0 & c^2 - a^2 & 2(c-a) \end{vmatrix} = 4(b-a)(c-a)(b-c).$$

b) $9a$.
c) $(x-1)(y-1)(z-1)$ (wenn man z.B. die 1. Zeile von allen anderen Zeilen subtrahiert, erhält man eine obere Dreiecksmatrix, und das Produkt der Elemente der Hauptdiagonalen liefert das Ergebnis).
d) $-(a^2+b^2+1)^2$.

11. $\mathbf{A}^{\mathbf{T}} = \begin{pmatrix} 1 & 7 \\ -3 & 5 \\ 4 & 2 \end{pmatrix}$, $\mathbf{A}+\mathbf{B} = \begin{pmatrix} 3 & 5 & 2 \\ 3 & 5 & 8 \end{pmatrix}$, $\mathbf{A}-\mathbf{B} = \begin{pmatrix} -1 & -11 & 6 \\ 11 & 5 & -4 \end{pmatrix}$,

$3\mathbf{A} = \begin{pmatrix} 3 & -9 & 12 \\ 21 & 15 & 6 \end{pmatrix}$, $\frac{1}{2}\mathbf{B} = \begin{pmatrix} 1 & 4 & -1 \\ -2 & 0 & 3 \end{pmatrix}$.

12. $2\mathbf{A} + 3\mathbf{B} - 4\mathbf{C} = \begin{pmatrix} 3 & 0 & 3 \\ 0 & 1 & -1 \end{pmatrix}$.

13. Es gilt: $\mathbf{B} = \mathbf{B}^{\mathbf{T}}$ und $\mathbf{C} = -\mathbf{C}^{\mathbf{T}}$.
Aus $\mathbf{A} = \mathbf{B} + \mathbf{C}$ und $\mathbf{A}^{\mathbf{T}} = (\mathbf{B} + \mathbf{C})^T = \mathbf{B}^{\mathbf{T}} + \mathbf{C}^{\mathbf{T}} = \mathbf{B} - \mathbf{C}$ folgt
$\mathbf{B} = \frac{1}{2}(\mathbf{A} + \mathbf{A}^{\mathbf{T}})$ und $\mathbf{C} = \frac{1}{2}(\mathbf{A} - \mathbf{A}^{\mathbf{T}})$.
$\mathbf{A} = \mathbf{B} + \mathbf{C}$.

$$\mathbf{A} = \begin{pmatrix} 3 & 5 & -2 \\ 7 & 4 & 0 \\ 1 & 6 & 5 \end{pmatrix} = \begin{pmatrix} 3 & 6 & -\frac{1}{2} \\ 6 & 4 & 3 \\ -\frac{1}{2} & 3 & 5 \end{pmatrix} + \begin{pmatrix} 0 & -1 & -\frac{3}{2} \\ 1 & 0 & -3 \\ \frac{3}{2} & 3 & 0 \end{pmatrix}.$$

14. $\tau(\mathbf{A} \cdot \mathbf{A}^{\mathbf{T}}) = (3;3)$; $\tau(\mathbf{B} \cdot \mathbf{B}^{\mathbf{T}}) = (5;5)$; $\tau(\mathbf{A} \cdot \mathbf{B}) = (3;4)$;
$\tau(\mathbf{A}^{\mathbf{T}} \cdot \mathbf{A}) = (5;5)$; $\tau(\mathbf{B}^{\mathbf{T}} \cdot \mathbf{B}) = (4;4)$; $\tau(\mathbf{B}^{\mathbf{T}} \cdot \mathbf{A}^{\mathbf{T}}) = (4;3)$.

15. $\mathbf{A} \cdot \mathbf{A}^{\mathbf{T}} = \begin{pmatrix} 4 & 2 \\ 2 & 1 \end{pmatrix}$, $\tau(\mathbf{A} \cdot \mathbf{A}^{\mathbf{T}}) = (2;2)$;

$\mathbf{A}^{\mathbf{T}} \cdot \mathbf{A} = 5$, $\tau(\mathbf{A}^{\mathbf{T}} \cdot \mathbf{A}) = (1;1)$; $\mathbf{B} \cdot \mathbf{B}^{\mathbf{T}} = 14$, $\tau(\mathbf{B} \cdot \mathbf{B}^{\mathbf{T}}) = (1;1)$;

$\mathbf{B}^{\mathbf{T}} \cdot \mathbf{B} = \begin{pmatrix} 9 & -3 & 6 \\ -3 & 1 & -2 \\ 6 & -2 & 4 \end{pmatrix}$, $\tau(\mathbf{B}^{\mathbf{T}} \cdot \mathbf{B}) = (3;3)$;

$\mathbf{C} \cdot \mathbf{C}^{\mathbf{T}} = \begin{pmatrix} 29 & 22 \\ 22 & 26 \end{pmatrix}$, $\tau(\mathbf{C} \cdot \mathbf{C}^{\mathbf{T}}) = (2;2)$;

$\mathbf{C}^{\mathbf{T}} \cdot \mathbf{C} = \begin{pmatrix} 5 & 3 & 14 \\ 3 & 9 & 12 \\ 14 & 12 & 41 \end{pmatrix}$, $\tau(\mathbf{C}^{\mathbf{T}} \cdot \mathbf{C}) = (3;3)$;

$\mathbf{A} \cdot \mathbf{B} = \begin{pmatrix} 6 & -2 & 4 \\ 3 & -1 & 2 \end{pmatrix}$, $\tau(\mathbf{A} \cdot \mathbf{B}) = (2;3)$;

$$\mathbf{B^T}\cdot\mathbf{A^T}=\begin{pmatrix}6&3\\-2&-1\\4&2\end{pmatrix},\quad \tau(\mathbf{B^T}\cdot\mathbf{A})=(3;2)\ ;$$

$$\mathbf{A^T}\cdot\mathbf{C}=(5;3;14),\quad \tau(\mathbf{A^T}\cdot\mathbf{C})=(1;3)\ ;$$

$$\mathbf{C^T}\cdot\mathbf{A}=\begin{pmatrix}5\\3\\14\end{pmatrix},\quad \tau(\mathbf{C^T}\cdot\mathbf{A})=(3;1)\ ;$$

$$\mathbf{B}\cdot\mathbf{C^T}=(16;8),\quad \tau(\mathbf{B}\cdot\mathbf{C^T})=(1;2).$$

16. $$\mathbf{A}\cdot\mathbf{B}=\begin{pmatrix}-3&1&-2\\-1&4&-3\\2&1&3\end{pmatrix};\quad \mathbf{B}\cdot\mathbf{A}=\begin{pmatrix}4&6&-1\\-2&-4&0\\3&-1&4\end{pmatrix};$$

$$\mathbf{A}\cdot\mathbf{B^T}=\begin{pmatrix}3&-2&2\\3&-6&5\\-3&0&2\end{pmatrix};\quad \mathbf{B}\cdot\mathbf{A^T}=\begin{pmatrix}3&3&-3\\-2&-6&0\\2&5&2\end{pmatrix}=(\mathbf{A}\cdot\mathbf{B^T})^{\mathbf{T}}\ ;$$

$$\mathbf{A^T}\cdot\mathbf{B^T}=\begin{pmatrix}4&-2&3\\6&-4&-1\\-1&0&4\end{pmatrix}=(\mathbf{B}\cdot\mathbf{A})^{\mathbf{T}}.$$

17. a) $\mathbf{A}\cdot\mathbf{B}=\begin{pmatrix}0&0\\0&0\end{pmatrix}$, b) $\mathbf{A}\cdot\mathbf{B}=\begin{pmatrix}0&0\\0&0\end{pmatrix}$.

Das Produkt zweier Matrizen kann die Nullmatrix sein, ohne daß ein Faktor die Nullmatrix ist.

18. $$\mathbf{A}\cdot\mathbf{B}=\begin{pmatrix}-2&0&1\\0&-6&4\\0&0&20\end{pmatrix};\quad \begin{pmatrix}a_1&a_2&a_3\\0&a_4&a_5\\0&0&a_6\end{pmatrix}\cdot\begin{pmatrix}b_1&b_2&b_3\\0&b_4&b_5\\0&0&b_6\end{pmatrix}=$$

$$\begin{pmatrix}a_1b_1&a_1b_2+a_2b_4&a_1b_3+a_2b_5+a_3b_6\\0&a_4b_4&a_4b_5+a_5b_6\\0&0&a_6b_6\end{pmatrix}.$$

19. $$\begin{pmatrix}a&-b\\b&a\end{pmatrix}+\begin{pmatrix}c&-d\\d&c\end{pmatrix}=\begin{pmatrix}a+c&-(b+d)\\b+d&a+c\end{pmatrix},\quad \mathbf{M_1}+\mathbf{M_2}\in M,$$

$$\begin{pmatrix}a&-b\\b&a\end{pmatrix}\cdot\begin{pmatrix}c&-d\\d&c\end{pmatrix}=\begin{pmatrix}ac-bd&-(ad+bc)\\ad+bc&ac-bd\end{pmatrix},\quad \mathbf{M_1}\cdot\mathbf{M_2}\in M.$$

20. a) $\mathbf{A^{-1}}=\frac{1}{2}\begin{pmatrix}3&-1\\-1&1\end{pmatrix}$. b) $\mathbf{A^{-1}}=\frac{1}{6}\begin{pmatrix}5&3\\-2&0\end{pmatrix}$.

c) $\det \mathbf{A} = 0$; $\mathbf{A}$ ist nicht regulär.

d) Die inverse Matrix erhält man über die Adjunktenmatrix durch

$$\mathbf{A}^{-1} = \frac{1}{\det \mathbf{A}} \begin{pmatrix} \mathbf{A}_{11} & \mathbf{A}_{12} & \mathbf{A}_{13} \\ \mathbf{A}_{21} & \mathbf{A}_{22} & \mathbf{A}_{23} \\ \mathbf{A}_{31} & \mathbf{A}_{32} & \mathbf{A}_{33} \end{pmatrix}^{\mathbf{T}}$$

$$= \frac{1}{49} \begin{pmatrix} \begin{vmatrix} 3 & 5 \\ -2 & 2 \end{vmatrix} & -\begin{vmatrix} -1 & 5 \\ 3 & 2 \end{vmatrix} & \begin{vmatrix} -1 & 3 \\ 3 & -2 \end{vmatrix} \\ -\begin{vmatrix} 1 & 0 \\ -2 & 2 \end{vmatrix} & \begin{vmatrix} 2 & 0 \\ 3 & 2 \end{vmatrix} & -\begin{vmatrix} 2 & 1 \\ 3 & -2 \end{vmatrix} \\ \begin{vmatrix} 1 & 0 \\ 3 & 5 \end{vmatrix} & -\begin{vmatrix} 2 & 0 \\ -1 & 5 \end{vmatrix} & \begin{vmatrix} 2 & 1 \\ -1 & 3 \end{vmatrix} \end{pmatrix}^{\mathbf{T}} = \frac{1}{49} \begin{pmatrix} 16 & 17 & -7 \\ -2 & 4 & 7 \\ 5 & -10 & 7 \end{pmatrix}^{\mathbf{T}}$$

$$= \frac{1}{49} \begin{pmatrix} 16 & -2 & 5 \\ 17 & 4 & -10 \\ -7 & 7 & 7 \end{pmatrix}.$$

e) $\det \mathbf{A} = 0$; $\mathbf{A}$ ist nicht regulär, folglich existiert $\mathbf{A}^{-1}$ nicht.

f) Die inverse Matrix kann man durch elementare Umformungen mit dem Gaußschen Algorithmus wie folgt berechnen:

A | **E**						
....						
E | $\mathbf{A}^{-1}$						

1	0	-1	1	0	0
0	1	0	0	1	0
-2	0	3	0	0	1
1	0	-1	1	0	0
0	1	0	0	1	0
0	0	**1**	2	0	1
1	0	0	3	0	1
0	1	0	0	1	0
0	0	1	2	0	1

$$\mathbf{A}^{-1} = \begin{pmatrix} 3 & 0 & 1 \\ 0 & 1 & 0 \\ 2 & 0 & 1 \end{pmatrix},$$

g) $$\mathbf{A}^{-1} = \begin{pmatrix} 1 & -n & n^2 & -n^3 \\ 0 & 1 & -n & n^2 \\ 0 & 0 & 1 & -n \\ 0 & 0 & 0 & 1 \end{pmatrix}.$$

21. $\mathbf{X}_1$ und $\mathbf{Y}_1$ ja, denn $\mathbf{X}_1 \cdot \mathbf{Y}_1 = \mathbf{E}$.

$\mathbf{X}_2$ und $\mathbf{Y}_2$ nein, denn $\mathbf{X}_2 \cdot \mathbf{Y}_2 = \begin{pmatrix} 1 & 0 & 0 \\ 0 & 2 & 0 \\ 0 & 0 & 1 \end{pmatrix} \neq \mathbf{E}$.

$\mathbf{X}_3$ und $\mathbf{Y}_3$ ja, denn $\mathbf{X}_3 \cdot \mathbf{Y}_3 = \mathbf{E}$.

22. $\mathbf{A^2} = \begin{pmatrix} 1 & 0 \\ 0 & 1 \end{pmatrix}$, d.h., $\mathbf{A^{-1}} = \mathbf{A}$ und weil $\mathbf{A} = \mathbf{A^T}$ folgt $\mathbf{A^T} = \mathbf{A^{-1}}$.
Somit ist **A** eine symmetrische und orthogonale Matrix.

23. $\mathbf{A^3} = \begin{pmatrix} 1 & 0 \\ 3a & 1 \end{pmatrix}$; aus der Induktionsannahme $\mathbf{A^{n-1}} = \begin{pmatrix} 1 & 0 \\ (n-1)a & 1 \end{pmatrix}$

folgt $\mathbf{A^{n-1}} \cdot \mathbf{A} = \begin{pmatrix} 1 & 0 \\ (n-1)a & 1 \end{pmatrix} \cdot \begin{pmatrix} 1 & 0 \\ a & 1 \end{pmatrix} = \begin{pmatrix} 1 & 0 \\ n\,a & 1 \end{pmatrix} = \mathbf{A^n}$.

24. $\mathrm{rg}(\mathbf{A_1}) = 2$, $\mathrm{rg}(\mathbf{A_2}) = 1$. $\mathrm{rg}(\mathbf{A_3}) = 2$, $\mathrm{rg}(\mathbf{A_4}) = 3$,
$\mathrm{rg}(\mathbf{A_5}) = 2$, $\mathrm{rg}(\mathbf{A_6}) = 3$.

Bei der Rangbestimmung mit dem Gaußschen Algorithmus ist $\mathrm{rg}(\mathbf{A})$ gleich der Anzahl der Leitelemente (vgl. Kap. 3).

z.B. für $\mathbf{A_3}$:
$L_1 = \mathbf{1}$; $L_2 = \mathbf{5}$
$\mathrm{rg}(\mathbf{A_3}) = 2$

1	−2	7	
2	1	4	(−2)
3	4	1	(−3)
0	**5**	−10	
0	10	−20	(−2)
	0	0	

25. a) $\begin{pmatrix} a & b \\ c & d \end{pmatrix}\begin{pmatrix} a & b \\ c & d \end{pmatrix} - (a+d)\begin{pmatrix} a & b \\ c & d \end{pmatrix} + \begin{pmatrix} ad-bc & 0 \\ 0 & ad-bc \end{pmatrix} =$

$$\begin{pmatrix} a^2+bc & ab+bd \\ ac+cd & cb+d^2 \end{pmatrix} - \begin{pmatrix} a^2+ad & ab+bd \\ ac+cd & ad+d^2 \end{pmatrix}$$

$$+\begin{pmatrix} ad-bc & 0 \\ 0 & ad-bc \end{pmatrix} = \mathbf{0}\,.$$

b) $\frac{1}{c-b}\left[\begin{pmatrix} a^2+bc & ab+bd \\ ac+cd & cb+d^2 \end{pmatrix} - \begin{pmatrix} a^2+bc & ac+cd \\ ab+bd & cb+d^2 \end{pmatrix}\right]$

$$-\left[\begin{pmatrix} 0 & -(a+d) \\ a+d & 0 \end{pmatrix}\right]$$

$$= \frac{1}{c-b}\begin{pmatrix} 0 & (a+d)(b-c) \\ (a+d)(c-b) & 0 \end{pmatrix} - \begin{pmatrix} 0 & -(a+d) \\ a+d & 0 \end{pmatrix} = \mathbf{0}.$$

26. $\mathbf{X} = (\mathbf{B} \cdot \mathbf{C^T} - 2\mathbf{A})^\mathbf{T} = \begin{pmatrix} -13 & 24 & 0 \\ 13 & -9 & 37 \end{pmatrix}$.

27. a) $\mathbf{X} = (\mathbf{A^{-1}} \cdot \mathbf{C} \cdot \mathbf{B})^\mathbf{T}$.

b) $\mathbf{A^{-1}} = \frac{1}{2}\begin{pmatrix} 2 & 0 & -2 \\ -1 & 1 & 2 \\ 1 & -1 & 0 \end{pmatrix}$, $\mathbf{X} = \begin{pmatrix} 0 & \frac{1}{2} & -\frac{1}{2} \\ -1 & \frac{1}{2} & -\frac{1}{2} \end{pmatrix}$.

28. $\mathbf{X} = \mathbf{A^{-1}} \cdot (\mathbf{B} - \mathbf{C})$

$$\mathbf{A^{-1}} = \frac{1}{5}\begin{pmatrix} 2 & 1 & -2 \\ -1 & 2 & 1 \\ 0 & 0 & 5 \end{pmatrix}, \quad \mathbf{B} - \mathbf{C} = \begin{pmatrix} 2 & -1 & -2 & 4 \\ 1 & 0 & -3 & 1 \\ 0 & 4 & -1 & 2 \end{pmatrix};$$

$$\mathbf{X} = \begin{pmatrix} 1 & -2 & -1 & 1 \\ 0 & 1 & -1 & 0 \\ 0 & 4 & -1 & 2 \end{pmatrix}.$$

29. a) $\mathbf{X} = (\mathbf{A^T})^{-1} \cdot \mathbf{C} \cdot \mathbf{B^{-1}}$.

b) $\tau(\mathbf{A}) = (5;5)$, $\tau(\mathbf{B}) = (3;3)$, $\tau(\mathbf{X}) = (5;3)$.

c) $(\mathbf{A^T})^{-1} = (\mathbf{A^{-1}})^T = \frac{1}{2}\begin{pmatrix} 2 & 1 \\ 0 & 1 \end{pmatrix}$,

$$\mathbf{B^{-1}} = \begin{pmatrix} -1 & 1 & 0 \\ 2 & 2 & -1 \\ 0 & -3 & 1 \end{pmatrix}, \quad \mathbf{X} = \begin{pmatrix} 1 & 3 & -1 \\ -1 & -2 & 1 \end{pmatrix}.$$

30. $\mathbf{X} = \mathbf{B^T} \cdot \mathbf{A^{-1}}$, wenn $\tau(\mathbf{A}) = (n,n)$ und $\det \mathbf{A} \neq 0$ sowie $\tau(\mathbf{B}) = (n,p)$, wobei p beliebig gewählt werden kann.
$\det \mathbf{A} = 2y^2 + 2y - 4$. $\mathbf{X}$ hat keine Lösung für $\det \mathbf{A} = 0$, d.h. $y_1 = -2$ oder $y_2 = 1$.
Falls $y = 0$, so ist

$$\mathbf{A}_0 = \begin{pmatrix} -1 & 0 & 1 \\ 0 & 1 & 0 \\ 2 & 0 & 2 \end{pmatrix}, \quad \mathbf{A}_0^{-1} = \frac{1}{4}\begin{pmatrix} -2 & 0 & 1 \\ 0 & 4 & 0 \\ 2 & 0 & 1 \end{pmatrix},$$

$$\mathbf{X} = \mathbf{B^T} \cdot \mathbf{A}_0^{-1} = \begin{pmatrix} -1 & 0 & 0 \\ 0 & 1 & 0 \\ -4 & 1 & -1 \\ 2 & 2 & 1 \end{pmatrix}.$$

3 Lineare Gleichungssysteme

Schwerpunkte:

Homogene und inhomogene lineare Gleichungssysteme, Lösbarkeitsbedingungen, Lösungsfälle, Lösungsdarstellungen, Lösungsverfahren (Gaußscher Algorithmus, Cramersche Regel), lineare Gleichungssysteme mit Parametern

Lineares Gleichungssystem (LGS) mit m Gleichungen und n Variablen

$$\begin{array}{lcccccc} a_{11}x_1 & + & a_{12}x_2 & +\cdots+ & a_{1n}x_n & = & b_1 \\ a_{21}x_1 & + & a_{22}x_2 & +\cdots+ & a_{2n}x_n & = & b_2 \\ \multicolumn{7}{c}{\dots\dots\dots\dots\dots\dots\dots\dots} \\ a_{m1}x_1 & + & a_{m2}x_2 & +\cdots+ & a_{mn}x_n & = & b_m \end{array}$$

mit $a_{ik} \in I\!R$ und $b_i \in I\!R$. In Matrizenform $\mathbf{A} \cdot \mathbf{x} = \mathbf{b}$. Dabei bedeuten:
$\mathbf{A} = (a_{ik})_{\substack{i=1(1)m \\ k=1(1)n}}$ Koeffizientenmatrix,

$\mathbf{x} = \begin{pmatrix} x_1 \\ \vdots \\ x_n \end{pmatrix}$ Vektor der Variablen (Unbekannten),

$\mathbf{b} = \begin{pmatrix} b_1 \\ \vdots \\ b_m \end{pmatrix}$ Vektor der Absolutglieder.

Falls $\mathbf{b} \neq \mathbf{0}$, so heißt das LGS inhomogen,
falls $\mathbf{b} = \mathbf{0}$, so heißt das LGS homogen. Fügt man an die Matrix **A** die Spalte der Absolutglieder an, so erhält man die erweiterte Koeffizientenmatrix

$$(\mathbf{A}, \mathbf{b}) := \begin{pmatrix} a_{11} & \cdots & a_{1n} & b_1 \\ \vdots & & \vdots & \\ a_{m1} & \cdots & a_{mn} & b_m \end{pmatrix}.$$

Lösung, Lösungsvektor

Ein Vektor $\mathbf{x} \in \mathbb{R}^n$, der $\mathbf{A} \cdot \mathbf{x} = \mathbf{b}$ erfüllt, ist eine Lösung des LGS. Die Gesamtheit aller Lösungen eines LGS bildet die Lösungsmenge L des LGS.
Gilt $\text{rg}(\mathbf{A}) < \text{rg}(\mathbf{A}, \mathbf{b})$, so ist das LGS unlösbar.
Gilt $\text{rg}(\mathbf{A}) = \text{rg}(\mathbf{A}, \mathbf{b}) = r$, so ist das LGS lösbar. Diese Bedingung ist für homogene LGS stets erfüllt.

Übersicht für $\text{rg}(\mathbf{A}) = \text{rg}(\mathbf{A}, \mathbf{b}) = r, \tau(\mathbf{A}) = (m, n), \tau(\mathbf{B}) = (m; 1)$

	$r = n$ Das LGS ist eindeutig lösbar	$r < n$ mit $d := n - r$ Das LGS besitzt unendlich viele Lösungen
Homogenes LGS $\mathbf{A} \cdot \mathbf{x} = \mathbf{0}$	Lösung: $\mathbf{x} = \mathbf{0}$ Lösungsmenge: $L = \{\mathbf{0}\}$	allgemeine Lösung: $\mathbf{x} = t_1\mathbf{x_1} + \cdots + t_d\mathbf{x_d}, \quad t_i \in \mathbb{R}$ Lösungsmenge (Lösungsraum): $L = \{\mathbf{x} \mid \mathbf{x} = \sum_{i=1}^{d} t_i\mathbf{x_i} \text{ und } t_i \in \mathbb{R}\}$
Inhomogenes LGS $\mathbf{A} \cdot \mathbf{x} = \mathbf{b}$ $(\mathbf{b} \neq \mathbf{0})$	Lösung: $\mathbf{x} = \mathbf{x_0}$ $(\mathbf{x_0} \neq \mathbf{0})$ Lösungsmenge: $\mathbf{L} = \{\mathbf{x_0}\}$	allgemeine Lösung: $\mathbf{x} = \mathbf{x_0} + t_1\mathbf{x_1} + \cdots + t_d\mathbf{x_d}, \quad t_i \in \mathbb{R}$ Lösungsmenge (Lösungsmannigfaltigkeit): $L = \{\mathbf{x} \mid \mathbf{x} = \mathbf{x_0} + \sum_{i=1}^{d} t_i\mathbf{x_i}, \quad t_i \in \mathbb{R}\}$ $\mathbf{x_0}$ eine spezielle Lösung

Die allgemeine Lösung ist eine Erzeugungsvorschrift für die unendlich vielen Lösungen des LGS, die t_i sind dabei frei wählbare reelle Parameter. Im Falle $r < n$ ist $\{x_1, \ldots, x_d\}$ ein Maximalsystem linear unabhängiger Lösungen.

Lösungsverfahren

Äquivalente Umformungen

Umformungen, die ein LGS $\mathbf{A} \cdot \mathbf{x} = \mathbf{b}$ in ein anderes LGS $\mathbf{A}^* \cdot \mathbf{x} = \mathbf{b}^*$ überführen, das dieselbe Lösungsmenge besitzt wie das Ausgangssystem, heißen äquivalente Umformungen, und die Gleichungssysteme heißen zueinander äquivalent.
Äquivalente Umformungen sind:

I. Das Vertauschen von Gleichungen untereinander.
II. Die Multiplikation einer Gleichung mit einem von Null verschiedenen Faktor.

III. Die Addition eines skalaren Vielfachen einer Gleichung zu einer anderen Gleichung.

Gaußscher Algorithmus

Überführung eines LGS in ein äquivalentes LGS in Dreiecks- oder Trapezgestalt, verbunden mit der Rangbestimmung für die Koeffizientenmatrix und die erweiterte Koeffizientenmatrix. Das Ausgangssystem sei $\mathbf{A}\cdot\mathbf{x} = \mathbf{b}$ mit $\tau(\mathbf{A}) = (m, n)$. Die Umformungen erfolgen in tabellarischer Form und werden auf die Elemente der Koeffizientenmatrix bzw. erweiterten Koeffizientenmatrix angewandt, d.h., jeder Zeile der Tabelle entspricht eine Gleichung des LGS.

$$\begin{array}{ccc|c} a_{11} & \cdots & a_{1n} & b_1 \\ \vdots & & \vdots & \vdots \\ a_{m1} & \cdots & a_{mn} & b_m \\ \hline \end{array}$$

In der Tabelle verfährt man wie folgt:

1. Wahl eines von Null verschiedenen Leitelementes a_{ik} (Koeffizient von x_k in der i-ten Gleichung). Die i-te Zeile heißt Leitzeile.

2. Addition von skalaren Vielfachen der Leitzeile zu den übrigen Zeilen, so daß in allen übrigen $(m-1)$ Zeilen die Koeffizienten der Leitunbekannten x_k Null werden.

3. Nach Weglassen der Leitzeile bilden die restlichen, neu entstandenen $(m-1)$ Zeilen ein um eine Variable und wenigstens um eine Gleichung reduziertes LGS. Dabei ist berücksichtigt, daß gegebenenfalls solche neu entstandenen Zeilen, die nur Nullen enthalten, entfallen.
   Das Verfahren (1. und 2. Schritt s.o.) wird für das reduzierte LGS wiederholt, und dieser Vorgang wird solange fortgesetzt, bis man ein reduziertes System erhält, das
   a) nur noch Nullzeilen enthält, oder
   b) wenigstens eine Zeile der Form $0 \cdots 0 \,|\, c$ mit $c \neq 0$ enthält, oder
   c) nur noch aus einer Zeile besteht, die entweder nur einen von Null verschiedenen Koeffizienten oder mehrere von Null verschiedene Koeffizienten enthält.
   Diese Zeile heißt ebenfalls Leitzeile, und ein ausgewählter Koeffizient ($\neq 0$) wird als Leitelement festgelegt.
   Im Fall b) ist das LGS unlösbar. Anderenfalls bilden die aus allen Leitzeilen gebildeten Gleichungen ein gestaffeltes Gleichungssystem in Dreiecks- oder Trapezform, das zum Ausgangssystem äquivalent ist.

Als Dreiecksform erhält man:

$$\begin{array}{ccccccc} \alpha_{11}\xi_1 & + & \alpha_{12}\xi_2 & +\cdots+ & \alpha_{1n}\xi_n & = & \beta_1 \\ & & \alpha_{22}\xi_2 & +\cdots+ & \alpha_{2n}\xi_n & = & \beta_2 \\ \cdots & \cdots & \cdots & \cdots & \cdots & \cdots & \cdots \\ & & & & \alpha_{nn}\xi_n & = & \beta_n \end{array}$$

Die Variablen ξ_l bezeichnen die eventuell in der Reihenfolge veränderten Variablen x_k.

Hieraus läßt sich die Variable ξ_n direkt berechnen und durch sukzessives Einsetzen in die vorhergehenden Gleichungen auch die übrigen Variablen $\xi_l \quad (l = 1, \ldots, n-1)$.
Ordnet man die ξ_l wieder den ursprünglichen Variablen x_k zu, so erhält man in diesem Fall die eindeutige Lösung des ursprünglichen LGS.
Als Trapezform erhält man:

$$\begin{array}{ccccccccc} \alpha_{11}\xi_1 & + & \alpha_{12}\xi_2 & +\cdots+ & \alpha_{1r}\xi_r & +\cdots+ & \alpha_{1n}\xi_n & = & \beta_1 \\ & & \alpha_{22}\xi_2 & +\cdots+ & \alpha_{2r}\xi_r & +\cdots+ & \alpha_{2n}\xi_n & = & \beta_2 \\ \cdots & \cdots & \cdots & \cdots & \cdots & \cdots & \cdots & \cdots & \cdots \\ & & & & \alpha_{rr}\xi_r & +\cdots+ & \alpha_{kn}\xi_n & = & \beta_r \end{array}$$

(mit $\quad r < n$).

Zur Lösungsdarstellung wählt man die Variablen $\xi_{r+1}, \ldots, \xi_n$ als freie Parameter $t_1, \ldots, t_{n-r}$ und verfährt wie im Fall der Dreiecksform, wobei man mit der Berechnung von ξ_r beginnt. Die allgemeine Lösung stellt sich dann in Abhängigkeit von den Parametern $t_1, \ldots, t_{n-r}, (d := n - r)$ dar.

Bemerkung

Aus der Tabelle für die Umformung eines LGS läßt sich sowohl der Rang der Koeffizientenmatrix $\mathrm{rg}(\mathbf{A})$ als auch der Rang der erweiterten Koeffizientenmatrix $\mathrm{rg}(\mathbf{A}, \mathbf{b})$ ablesen.
$\mathrm{rg}(\mathbf{A})$ ist gleich der Anzahl der Leitelemente (Leitzeilen) im Algorithmus.
Beim gestaffelten System stimmt $\mathrm{rg}(\mathbf{A}, \mathbf{b})$ mit $\mathrm{rg}(\mathbf{A})$ überein.
Für den Fall, daß eine Zeile der Form

$$0 \cdot x_1 + \cdots + 0 \cdot x_n = c \quad \text{mit} \quad c \neq 0$$

entsteht, kann c zusätzlich als Leitelement für $(\mathbf{A}, \mathbf{b})$ aufgefaßt werden. Dann würde $\mathrm{rg}(\mathbf{A}, \mathbf{b}) = \mathrm{rg}(\mathbf{A}) + 1$ gelten, was für den unlösbaren Fall charakteristisch ist.

Cramersche Regel

Sonderfall bei regulärer Koeffizientenmatrix (quadratisch mit $\det \mathbf{A} \neq 0$). Für $\mathbf{A}_{(n,n)} \cdot \mathbf{x} = \mathbf{b}$ mit $\det \mathbf{A} \neq 0$ sei $\mathbf{A}_\mathbf{k}(\mathbf{b})$ diejenige Matrix, die entsteht, wenn man die k-te Spalte von $\mathbf{A}$ durch $\mathbf{b}$ ersetzt. Dann ergibt sich die eindeutig bestimmte Lösung des LGS:

$$\mathbf{x} = \begin{pmatrix} x_1 \\ \vdots \\ x_n \end{pmatrix} \quad \text{mit} \quad x_k = \frac{\det \mathbf{A_k}(\mathbf{b})}{\det \mathbf{A}} \quad \text{für} \quad k = 1, \ldots, n.$$

Fragen zu 3

1. Die Koeffizientenmatrix eines inhomogenen linearen Gleichungssystems $\mathbf{A} \cdot \mathbf{x} = \mathbf{b}$ sei vom Typ $\tau(\mathbf{A}) = (p, q)$.
   a) Aus wieviel Gleichungen mit wieviel Variablen besteht das System?
   b) Von welchem Typ ist die erweiterte Koeffizientenmatrix?
   c) Wieviel Koordinaten besitzen die Vektoren $\mathbf{x}$ und $\mathbf{b}$?

2. Welche Möglichkeiten gibt es, mit den Matrizen $\mathbf{A}, \mathbf{B}$ und $\mathbf{C}$ als Koeffizientenmatrizen und den Vektoren $\mathbf{b^k} \in I\!R^k, k = 1, 2, 3, 4, 5$, lineare Gleichungssysteme zu bilden, wenn $\tau(\mathbf{A}) = (5; 3), \tau(\mathbf{B}) = (2; 4)$ und $\tau(\mathbf{C}) = (3; 3)$ ist?
   Welche Gestalt hat der Variablenvektor in diesen Fällen?

3. Wie kann man mit Hilfe einer Rangbetrachtung für die Koeffizientenmatrix $\mathbf{A}$ feststellen, ob ein homogenes bzw. inhomogenes LGS eindeutig lösbar ist?

4. Die Koeffizientenmatrix eines inhomogenen LGS $\mathbf{A} \cdot \mathbf{x} = \mathbf{b}$ sei vom Typ $\tau(\mathbf{A}) = (5; 3)$.
   a) Für welche Beziehung zwischen dem Rang der Matrix $\mathbf{A}$ und dem Rang der erweiterten Koeffizientenmatrix $(\mathbf{A}, \mathbf{b})$ ist das LGS lösbar bzw. unlösbar?
   b) Unter welcher Bedingung ist es eindeutig lösbar bzw. existiert eine Lösungsmannigfaltigkeit?

5. Wodurch wird die Dimension d des Lösungsraums eines homogenen LGS bestimmt, und wie lautet die allgemeine Lösung?
   Welche Lösung erhält man für $d = 0$?

6. Welche Rangabschätzung gilt für ein homogenes LGS mit 4 Variablen und 8 Gleichungen, wenn ein Lösungsraum existieren soll?
   Welche Dimension kann der Lösungsraum besitzen?

7. $\mathbf{A} \cdot \mathbf{x} = \mathbf{0}$ sei ein quadratisches homogenes LGS.
   Unter welcher Bedingung für $\det \mathbf{A}$ ist das LGS eindeutig bzw. nicht eindeutig lösbar?

8. Warum kann $\text{rg}(\mathbf{A}) < \text{rg}(\mathbf{A}, \mathbf{b})$ bei einem LGS $\mathbf{A} \cdot \mathbf{x} = \mathbf{b}$ im homogenen Fall nicht eintreten?
   Welcher Schluß ergibt sich daraus für die Lösbarkeit bzw. Unlösbarkeit des LGS?

9. Kann ein inhomogenes LGS $\mathbf{A} \cdot \mathbf{x} = \mathbf{b}$ mit $\tau(\mathbf{A}) = (m, n)$ im Falle $m < n$ eindeutig lösbar sein?
   Kann es im Fall $m > n$ unendlich viele Lösungen besitzen?

10. Welche Aussagen gelten für die Anzahl der Variablen bzw. für die Mindestanzahl der Gleichungen sowie den Rang der (erweiterten) Koeffizientenmatrix eines LGS, wenn die allgemeine Lösung folgende Gestalt hat?

    a) $\mathbf{x} = \begin{pmatrix} x_1 \\ x_2 \\ x_3 \\ x_4 \end{pmatrix} = t_1 \begin{pmatrix} -1 \\ 0 \\ 0 \\ 4 \end{pmatrix} + t_2 \begin{pmatrix} 0 \\ 3 \\ 0 \\ -3 \end{pmatrix}$; t_1, t_2 reelle Parameter.

    b) $\mathbf{x} = \begin{pmatrix} x_1 \\ x_2 \\ x_3 \\ x_4 \end{pmatrix} = \begin{pmatrix} -2 \\ 1 \\ 2 \\ 5 \end{pmatrix} + t \begin{pmatrix} 2 \\ -1 \\ 1 \\ 6 \end{pmatrix}$; t reeller Parameter.

    Charakterisieren Sie das jeweilige LGS als homogen oder inhomogen!

11. Welcher Zusammenhang besteht im Falle unendlich vieler Lösungen zwischen der allgemeinen Lösung eines inhomogenen LGS $\mathbf{A} \cdot \mathbf{x} = \mathbf{b}$ und der allgemeinen Lösung des zugehörigen homogenen LGS $\mathbf{A} \cdot \mathbf{x} = \mathbf{0}$ (beide Systeme haben die gleiche Koeffizientenmatrix)?

12. Gilt die Cramersche Regel auch für homogene lineare Gleichungssysteme?

Aufgaben zu 3

1. Begründen Sie, warum die folgenden linearen Gleichungssysteme eindeutig lösbar sind, und geben Sie den Lösungsvektor an!

   a) $$\begin{aligned} 3x_1 + 2x_2 + 2x_3 &= -1 \\ x_1 + 6x_2 - x_3 &= 3 \\ 4x_1 + x_2 + 5x_3 &= -6 \end{aligned}$$

   b) $$\begin{aligned} x_1 + 3x_2 + 2x_3 &= 0 \\ 2x_1 - 2x_2 + 5x_3 &= 0 \\ -3x_1 + 3x_2 - 2x_3 &= 0 \end{aligned}$$

c) $\mathbf{A}\cdot\mathbf{x}=\mathbf{b}$ und $\mathbf{A}\cdot\mathbf{x}=\mathbf{0}$ mit $\mathbf{A}=\begin{pmatrix} 2 & -1 & -1 & 2 \\ 6 & -2 & 3 & -1 \\ -4 & 2 & 3 & -2 \\ 2 & 0 & 4 & -3 \end{pmatrix}$,

$\mathbf{b}=(3;-3;-2;-1)^T$

2. Überprüfen Sie die Lösbarkeit folgender linearer Gleichungssysteme, und ermitteln Sie im Falle der Lösbarkeit den Lösungsvektor bzw. die allgemeine Lösung!

a)
$$\begin{aligned} x_1 - x_2 + 3x_3 &= 0 \\ 2x_1 + 3x_2 - x_3 &= 0 \\ 3x_1 + 7x_2 - 5x_3 &= 0 \end{aligned}$$

b)
$$\begin{aligned} 3x_1 - x_2 + 2x_3 &= 1 \\ 7x_1 - 4x_2 - x_3 &= -2 \\ -x_1 - 3x_2 - 12x_3 &= -5 \\ -x_1 + 2x_2 + 5x_3 &= 2 \\ 5x_2 + 17x_3 &= 7 \end{aligned}$$

c)
$$\begin{aligned} 6x_1 + 4x_2 + 8x_3 + 17x_4 &= -20 \\ 3x_1 + 2x_2 + 5x_3 + 8x_4 &= -8 \\ 3x_1 + 2x_2 + 7x_3 + 7x_4 &= -4 \\ 2x_3 - x_4 &= 4 \end{aligned}$$

d)
$$\begin{aligned} x_1 + 2x_2 + 2x_3 &= -1 \\ 2x_1 + 4x_2 + 3x_3 - x_4 &= 1 \\ -x_1 - 2x_2 + x_3 + 2x_4 &= -8 \\ -3x_1 - 6x_2 + 2x_3 + 3x_4 &= -21 \end{aligned}$$

e)
$$\begin{aligned} 3x_1 + 6x_3 - 3x_4 &= 1 \\ 2x_1 + 3x_5 &= 0 \\ x_2 - 4x_3 + 2x_4 &= -2 \\ 4x_1 + 3x_2 - 3x_5 &= -4 \end{aligned}$$

f)
$$\begin{aligned} 3x_1 + x_2 - x_3 + 4x_5 &= 5 \\ -2x_1 + 2x_2 + x_4 + 5x_5 &= 0 \\ - x_2 + 2x_3 - 3x_4 - 4x_5 &= -5 \\ x_1 + 3x_2 + 3x_3 - 2x_5 &= 3 \\ 2x_1 + 3x_3 + x_4 + 2x_5 &= 18 \end{aligned}$$

g) $\mathbf{A}\cdot\mathbf{x}=\mathbf{b}$ und $\mathbf{A}\cdot\mathbf{x}=\mathbf{0}$ mit $\mathbf{A}=\begin{pmatrix} 3 & 1 & -1 & -5 \\ 1 & -4 & 3 & -2 \end{pmatrix}$,

$\mathbf{b}=\begin{pmatrix}1\\0\end{pmatrix}$

3. Lösen Sie die folgenden linearen Gleichungssysteme! Geben Sie im Falle der Existenz unendlich vieler Lösungen den Lösungsraum bzw. die Lösungsmannigfaltigkeit an!

a)
$$\begin{array}{rcrcrcr} 3x_1 & - & x_2 & + & 2x_3 & = & 1 \\ 7x_1 & - & 4x_2 & - & x_3 & = & 0 \\ -x_1 & - & 3x_2 & - & 12x_3 & = & -5 \\ -x_1 & + & 2x_2 & + & 5x_3 & = & 2 \\ & & 5x_2 & + & 17x_3 & = & 7 \end{array}$$

b)
$$\begin{array}{rcrcrcrcr} 2x_1 & + & 5x_2 & + & x_3 & - & x_4 & = & 0 \\ x_1 & - & 4x_2 & & & + & x_4 & = & 0 \\ -3x_1 & + & 7x_2 & + & x_3 & - & 6x_4 & = & 0 \end{array}$$

c)
$$\begin{array}{rcrcrcrcr} x_1 & + & 2x_2 & - & x_3 & + & x_4 & = & 2 \\ 3x_1 & + & 4x_2 & + & x_3 & - & 2x_4 & = & 12 \\ 2x_1 & - & x_2 & + & 4x_3 & - & 3x_4 & = & -14 \\ 2x_1 & + & 7x_2 & - & 4x_3 & + & 2x_4 & = & 8 \end{array}$$

d)
$$\begin{array}{rcrcrcrcr} x_1 & - & 2x_2 & & & - & 3x_4 & = & -2 \\ & & x_2 & + & 3x_3 & - & 7x_4 & = & -2 \\ -3x_1 & & & - & x_3 & & & = & 1 \\ 2x_1 & & & + & 2x_3 & - & 4x_4 & = & -2 \\ 4x_1 & + & 5x_2 & + & 3x_3 & + & 5x_4 & = & 2 \end{array}$$

e)
$$\begin{array}{rcrcrcrcr} 2x_1 & + & x_2 & + & 3x_3 & & & = & 1 \\ 2x_1 & + & x_2 & + & 2x_3 & - & x_4 & = & 2 \\ 4x_1 & & & & & + & 4x_4 & = & 4 \\ -4x_1 & - & x_2 & - & 2x_3 & + & x_4 & = & -4 \end{array}$$

f)
$$\begin{array}{rcrcrcrcr} 2x_1 & + & 3x_2 & - & x_3 & & & = & -20 \\ -6x_1 & - & 5x_2 & & & + & 2x_4 & = & 45 \\ 2x_1 & - & 5x_2 & + & 6x_3 & - & 6x_4 & = & 3 \\ 4x_1 & + & 6x_2 & + & 2x_3 & - & 3x_4 & = & -58 \end{array}$$

g)
$$\begin{array}{rcrcrcrcr} x_1 & - & 4x_2 & + & 5x_3 & - & 2x_4 & = & 1 \\ 3x_1 & + & x_2 & - & x_3 & + & x_4 & = & 0 \\ x_1 & - & 2x_2 & & & + & 3x_4 & = & 2 \end{array}$$

h)
$$\begin{array}{rcrcrcrcr} x_1 & & & + & 2x_3 & + & 4x_4 & = & 0 \\ -x_1 & + & 3x_2 & & & & & = & 0 \\ x_1 & + & 3x_2 & - & 4x_3 & + & 8x_4 & = & 0 \\ 2x_1 & + & 9x_2 & - & 10x_3 & + & 20x_4 & = & 0 \end{array}$$

i)
$$\begin{array}{rcrcrcrcrcr} x_1 & + & 2x_2 & - & x_3 & + & 3x_4 & - & x_5 & = & 1 \\ 3x_1 & - & x_2 & + & 4x_3 & - & x_4 & + & 5x_5 & = & 2 \end{array}$$

j)
$$\begin{array}{rcrcrcrcrcl} x_1 & + & 2x_2 & + & 3x_3 & + & x_4 & + & x_5 & = & 3 \\ x_1 & + & 3x_2 & + & 3x_3 & + & 2x_4 & + & x_5 & = & 6 \\ x_1 & + & 4x_2 & + & 3x_3 & + & 2x_4 & + & 2x_5 & = & 5 \\ x_1 & + & x_2 & + & 2x_3 & + & x_4 & + & x_5 & = & 1 \\ x_1 & + & 5x_2 & + & 4x_3 & + & 2x_4 & + & 2x_5 & = & 7 \end{array}$$

Hinweis zu den Aufgaben 4 *bis* 9*:*
Die folgenden linearen Gleichungssysteme enthalten neben den Variablen noch Parameter, die z.B. in der Koeffizientenmatrix auftreten können. Unterschiedliche Werte für die Parameter können ein unterschiedliches Lösungsverhalten des Systems hervorrufen. Auf diesen Zusammenhang richten sich die folgenden Aufgaben.

4. Für welche reellen Zahlen a ist das folgende Gleichungssystem eindeutig lösbar?

$$\begin{array}{rcrcrcl} x & + & y & + & z & = & 0 \\ x & + & y & - & z & = & 0 \\ ax & + & y & + & z & = & 0 \end{array}$$

5. Gegeben sind die Vektoren

$$\mathbf{a_1} = \begin{pmatrix} 0 \\ t \\ 1 \\ 2 \end{pmatrix}, \quad \mathbf{a_2} = \begin{pmatrix} -1 \\ 0 \\ 2 \\ 2 \end{pmatrix}, \quad \mathbf{a_3} = \begin{pmatrix} -2t \\ 2t \\ 2t \\ 0 \end{pmatrix}, \quad \mathbf{b} = \begin{pmatrix} 1 \\ 0 \\ -1 \\ 0 \end{pmatrix}.$$

Für welche reellen Zahlen t ist das lineare Gleichungssystem $\mathbf{a_1}x + \mathbf{a_2}y + \mathbf{a_3}z = \mathbf{b}$ unlösbar?
Geben Sie für $t = 1$ eine Lösung des Systems an!

6. Gegeben ist das Gleichungssystem

$$\begin{array}{rcrcrcl} x & - & 2y & + & 3z & = & -4 \\ 2x & + & y & + & z & = & 2 \\ x & + & \alpha y & + & 2z & = & -\beta \end{array} \qquad \text{mit} \quad \alpha, \beta \in \mathbb{R}.$$

a) Für welche α und β hat das System genau eine Lösung?
b) Für welche α und β ist das System unlösbar?
c) Für welche α und β existiert eine Lösungsmannigfaltigkeit?

7. Für welche reellen Zahlen a ist das folgende Gleichungssystem eindeutig lösbar?

$$\begin{array}{rcrcrcl} 2x & + & y & + & z & = & 0 \\ -2ax & + & ay & + & 9z & = & 6 \\ 2x & + & 2y & + & az & = & 1 \end{array}$$

8. Gegeben ist das lineare Gleichungssystem

$$\begin{array}{rcrcrcr} x & + & 3y & + & 4z & = & 4 \\ -5x & & & + & z & = & a \\ -x & + & 3y & + & z & = & -12 \\ x & & & - & 3z & = & -1\,. \end{array}$$

Machen Sie, in Abhängigkeit von a, Aussagen über die Lösungsmenge des Gleichungssystems.

9. Drei Ebenengleichungen sind gegeben durch

$$\begin{array}{rcrcrcr} x & - & y & - & z & = & -2 \\ 3x & + & y & - & z & = & b \\ ax & + & 8y & + & 2z & = & 7\,. \end{array}$$

Bestimmen Sie $a \in \mathbb{R}$ und $b \in \mathbb{R}$ so, daß sich die drei Ebenen in einer Geraden schneiden!
Geben Sie für die berechneten Werte eine Parameterdarstellung der Schnittgeraden an!

Antworten zu 3

1. a) Das LGS besteht aus p Gleichungen mit q Variablen.
   b) Die erweiterte Koeffizientenmatrix ist vom Typ $\tau(\mathbf{A}, \mathbf{b}) = (p, q+1)$.
   c) $\mathbf{x}$ hat q Koordinaten, $\mathbf{b}$ hat p Koordinaten.

2. $\mathbf{A} \cdot \mathbf{x} = \mathbf{b}$ ist ein LGS, wenn $\mathbf{b} \in \mathbb{R}^5$ und $\mathbf{x} = (x_1, x_2, x_3)^T$.
   $\mathbf{B} \cdot \mathbf{x} = \mathbf{b}$ ist ein LGS, wenn $\mathbf{b} \in \mathbb{R}^2$ und $\mathbf{x} = (x_1, x_2, x_3, x_4)^T$.
   $\mathbf{C} \cdot \mathbf{x} = \mathbf{b}$ ist ein LGS, wenn $\mathbf{b} \in \mathbb{R}^3$ und $\mathbf{x} = (x_1, x_2, x_3)^T$.

3. Gilt $\tau(\mathbf{A}) = (m, n)$, so ist $\mathbf{A} \cdot \mathbf{x} = \mathbf{0}$ eindeutig lösbar, wenn $\operatorname{rg}(\mathbf{A}) = n$, und es ist $\mathbf{A} \cdot \mathbf{x} = \mathbf{b}$ ($\mathbf{b} \neq \mathbf{0}$) eindeutig lösbar, wenn $\operatorname{rg}(\mathbf{A}) = \operatorname{rg}(\mathbf{A}, \mathbf{b}) = n$. In beiden Fällen ist $m \geq n$ vorauszusetzen.

4. a) Für $\operatorname{rg}(\mathbf{A}) = \operatorname{rg}(\mathbf{A}, \mathbf{b})$ ist das LGS lösbar.
   Für $\operatorname{rg}(\mathbf{A}) < \operatorname{rg}(\mathbf{A}, \mathbf{b})$ ist das LGS unlösbar.
   b) Im Falle
   $\operatorname{rg}(\mathbf{A}) = \operatorname{rg}(\mathbf{A}, \mathbf{b}) = 3$ ist das LGS eindeutig lösbar,
   $\operatorname{rg}(\mathbf{A}) = \operatorname{rg}(\mathbf{A}, \mathbf{b}) = 2$ existiert eine eindimensionale Lösungsmannigfaltigkeit,
   $\operatorname{rg}(\mathbf{A}) = \operatorname{rg}(\mathbf{A}, \mathbf{b}) = 1$ existiert eine zweidimensionale Lösungsmannigfaltigkeit.

5. Die Dimension d des Lösungsraumes eines homogenen LGS ergibt sich als Differenz zwischen der Anzahl n der Variablen und dem Rang r der Koeffizientenmatrix, also $d = n - r$.
Die Lösungsmenge ist ein d-dimensionaler Unterraum des $\mathbb{R}^n$, und die allgemeine Lösung hat die Gestalt
$\mathbf{x} = t_1\mathbf{x_1} + \cdots + t_d\mathbf{x_d}$ mit $t_k \in \mathbb{R}$ für $k = 1, \ldots, d$.
Die t_k sind reelle Parameter, und die $\mathbf{x_k}$ $(k = 1, \ldots, d)$ bilden eine Basis des Lösungsraumes (System von d linear unabhängigen Lösungen).
Im Falle $d = 0$, also $r = \text{rg}(\mathbf{A}) = n$, ist das System eindeutig lösbar, es existiert nur die triviale Lösung $\mathbf{x} = \mathbf{0}$.

6. Ein Lösungsraum existiert, wenn $\text{rg}(\mathbf{A}) < 4$ ist. Für die Dimension des Lösungsraumes ergeben sich die Fälle:
$d = 1$ für $\text{rg}(\mathbf{A}) = 3$,
$d = 2$ für $\text{rg}(\mathbf{A}) = 2$,
$d = 3$ für $\text{rg}(\mathbf{A}) = 1$.

7. Falls $\det \mathbf{A} \neq 0$ ist, so ist $\mathbf{A} \cdot \mathbf{x} = \mathbf{0}$ eindeutig lösbar - triviale Lösung.
Falls $\det \mathbf{A} = 0$ ist, so ist es nicht eindeutig lösbar, es existiert ein Lösungsraum.

8. Beim homogenen LGS ist $(\mathbf{A}, \mathbf{o})$ die erweiterte Koeffizientenmatrix. Es gilt stets $\text{rg}(\mathbf{A}) = \text{rg}(\mathbf{A}, \mathbf{o})$, da das Hinzufügen des Nullvektors nichts am Rang von $\mathbf{A}$ ändert.
Das ist aber die Bedingung für die Lösbarkeit eines LGS. Folglich ist ein homogenes LGS stets lösbar.

9. Da stets $r = \text{rg}(\mathbf{A}) \leq \min(m, n)$ gilt, ergibt sich für $m < n$ auf jeden Fall $r < n$. Dann ist aber $d = n - r > 0$, d.h., das LGS ist nicht eindeutig lösbar, es existiert eine Lösungsmannigfaltigkeit.
Für $m > n$ kann $\text{rg}(\mathbf{A}) \leq n$ auftreten. Damit ist aber auch $r = \text{rg}(\mathbf{A}) = \text{rg}(\mathbf{A}, \mathbf{b}) < n$ möglich, und somit könnte mit $d = n - r > 0$ eine Lösungsmannigfaltigkeit existieren.

10. Beide LGS enthalten 4 Variable.
    a) Das LGS ist homogen und enthält mindestens 2 Gleichungen. Es gilt $\text{rg}(\mathbf{A}) = \text{rg}(\mathbf{A}, \mathbf{o}) = 2$.
    b) Das System ist inhomogen und enthält mindestens 3 Gleichungen. Es gilt $\text{rg}(\mathbf{A}) = \text{rg}(\mathbf{A}, \mathbf{b}) = 3$.

11. Besitzt ein inhomogenes LGS unendlich viele Lösungen, so gilt:
Die allgemeine Lösung des inhomogenen LGS ist gleich der Summe aus der allgemeinen Lösung des zugehörigen homogenen Systems und einer

speziellen Lösung des inhomogenen Systems.

$$\mathbf{x_I} = \mathbf{x_0} + \mathbf{x_H} = \mathbf{x_0} + \sum_{k=1}^{n-r} \alpha_k \mathbf{x_k}.$$

12. Sie gilt unter der Voraussetzung, daß die Koeffizientenmatrix **A** mit $\tau(\mathbf{A}) = (n; n)$ regulär ($\det \mathbf{A} \neq 0$) ist. Man erhält $\mathbf{x_k} = \frac{\mathbf{A_k}(\mathbf{o})}{|\mathbf{A}|} = 0$ für alle $k = 1, \ldots, n$, weil trivialerweise $\mathbf{A_k}(\mathbf{o}) = 0$ ist in allen Fällen. Also folgt auch mit der Cramerschen Regel $\mathbf{x} = \mathbf{o}$ als einzige Lösung.

Lösungen zu 3

Bei den Lösungsangaben bedeuten $r = \text{rg}(\mathbf{A})$ den Rang der Koeffizientenmatrix, $r^* = \text{rg}(\mathbf{A}, \mathbf{b})$ den Rang der erweiterten Koeffizientenmatrix und n die Anzahl der Variablen. Die durch **Fettdruck** markierten Elemente sind die jeweiligen Leitelemente und die zugehörige Zeile ist eine Leitzeile. Dabei ist zu beachten, daß im Falle $r = r^* < n$, je nach Wahl der Leitelemente im Gaußschen Algorithmus, verschiedene Darstellungen für die gleiche Lösungsmenge entstehen können. Durch Einsetzen der Lösung in das Gleichungssystem läßt sich in jedem Fall nachprüfen, ob auch eine andere Darstellung der Lösungsmenge das Gleichungssystem erfüllt.

1. a) Die Ausgangstabelle für den Gaußschen Algorithmus lautet:

3	2	2	-1	-3
1	6	-1	3	
4	1	5	-6	-4

Hinweis:
Um die Rechnung für den Übergang zur nächsten Tabelle nachvollziehbar zu machen, sind in einer zusätzlichen Spalte Faktoren angegeben, denen entsprechend das Vielfache der Leitzeile zur jeweiligen Zeile hinzu addiert wird. Alle Möglichkeiten, ein Element ($\neq 0$) der Koeffizientenmatrix als Leitelement zu wählen, führen bei unterschiedlichem Rechengang selbstverständlich zur gleichen Lösungsmenge. Die Wahl einer "1" (soweit vorhanden) ist rechnerisch günstig.
Fortsetzung der Lösung (2. Tabelle ff.):

0	-16	**5**	-10	
0	-23	9	-18	$-\frac{9}{5}$
0	$\frac{29}{5}$	0	0	

und der Algorithmus ist beendet.

Zwischenergebnis: $r = r^* = 3 = n$, d.h., das System ist eindeutig lösbar. Der Algorithmus hat zum folgenden, zum Ausgangssystem äquivalenten, System geführt:

$$\begin{array}{rcrcrcr} x_1 & - & x_3 & + & 6x_2 & = & 3 \\ & & 5x_3 & - & 16x_2 & = & -10 \\ & & & & \frac{29}{5}x_2 & = & 0 \end{array}$$

Die Reihenfolge der Summanden wurde so verändert, daß die Staffelung (hier Dreiecksform) des erhaltenen Systems hervorgehoben wird. Schrittweise (von unten nach oben) folgt $x_2 = 0$, dann $x_3 = -2$ und $x_1 = 1$.
Lösungsvektor: $\mathbf{x} = (1; 0; -2)^T$.

b) $r = r^* = 3 = n$, d.h., das System ist eindeutig lösbar.
Lösungsvektor: $\mathbf{x} = (0; 0; 0)^T$.

c) $r = r^* = 4 = n$ für beide LGS, d.h., beide sind eindeutig lösbar.
Lösungsvektor des inhomogenen LGS: $\mathbf{x} = (8; 21; -2; 3)^T$.
Lösungsvektor des homogenen LGS: $\mathbf{x} = \mathbf{0}$.

2. a) $r = r^* = 2 < n = 3$, d.h., das System ist lösbar und besitzt einen 1-dimensionalen Lösungsraum ($d = n - r = 3 - 2 = 1$).
Ein möglicher Rechengang wäre:

1	-1	3	0	
2	3	-1	0	-2
3	7	-5	0	-3
0	**5**	-7	0	
0	10	-14	0	-2
0	0	0	0	

Man erhält das LGS

$$\begin{array}{rcrcrcr} x_1 & - & x_2 & + & 3x_3 & = & 0 \\ & & 5x_2 & - & 7x_3 & = & 0 \end{array}$$

Da von der Variablen x_3 kein Koeffizient als Leitelement gewählt wurde, setzen wir $x_3 := t \in I\!R$. t ist ein frei wählbarer Parameter, der die unendlich vielen Lösungen erzeugt. Damit folgt (von unten nach oben) $x_2 = \frac{7}{5}t$ und $x_1 = -3t + \frac{7}{5}t = -\frac{8}{5}t$. Als allgemeine Lösung folgt:

$$\mathbf{x} = \begin{pmatrix} x_1 \\ x_2 \\ x_3 \end{pmatrix} = t \begin{pmatrix} -8/5 \\ 7/5 \\ 1 \end{pmatrix}, \quad t \in I\!R.$$

Jedes Vielfache ($\neq 0$) vom Vektor $(-8/5; 7/5; 1)^T$ kann ebenfalls Basisvektor des Lösungsraumes sein, so wählen wir im vorliegenden Fall etwas günstiger

$$\mathbf{x} = \begin{pmatrix} x_1 \\ x_2 \\ x_3 \end{pmatrix} = t \begin{pmatrix} -8 \\ 7 \\ 5 \end{pmatrix}, \quad t \in \mathbb{R}.$$

b) Jede mögliche Wahl von Leitelementen führt bei dieser Aufgabe zu $r = 2$ und $r^* = 3$, so daß wegen $r < r^*$ die Unlösbarkeit des Systems folgt. Zum Beispiel:

3	-1	2	1	3
7	-4	-1	-2	7
-1	-3	-12	-5	-1
-1	2	5	2	
0	5	17	7	0
0	**5**	17	7	
0	10	34	12	-2
0	-5	-17	-7	1
0	5	17	7	-1
0	0	0	**-2**	
0	0	0	0	
0	0	0	0	

In dem Teil der Tabelle, der der Koeffizientenmatrix entspricht, existieren 2 Leitzeilen, also $r = 2$. In dem Teil, der der erweiterten Koeffizientenmatrix entspricht, existieren 3 Leitzeilen, also $r^* = 3$ und somit $r < r^*$.

Die Unlösbarkeit begründet sich auch so: Der letzten Leitzeile entspricht im gestaffelten LGS die Gleichung $0 \cdot x_1 + 0 \cdot x_2 + 0 \cdot x_3 = -2$, d.h. $0 = 2$. Dieser Widerspruch ist also im System enthalten, und somit ist das System unlösbar.

c) $r = r^* = 2 < n = 4$, d.h., das inhomogene LGS ist lösbar und besitzt eine 2-dimensionale Lösungsmannigfaltigkeit ($d = n - r = 4 - 2 = 2$). Ein möglicher Rechengang wäre:

6	4	8	17	-20	-2
3	2	5	8	- 8	-1
3	2	7	7	- 4	
0	0	2	-1	4	
0	0	-6	3	-12	-3
0	0	-2	**1**	- 4	
0	0	2	-1	4	1
0	0	0	0	0	
0	0	0	0	0	

Das in diesem Falle zum Ausgangssystem äquivalente LGS lautet:

$$\begin{aligned} 3x_1 + 7x_4 \quad +2x_2 + 7x_3 &= -4 \\ x_4 \quad -2x_3 &= -4 \end{aligned}$$

Es sind $x_2 = r$ und $x_3 = s$ als freie Parameter $r, s \in \mathbb{R}$ zu wählen.

Damit erhält man (von unten nach oben aufgelöst):
$x_4 = -4 + 2s$ und $x_1 = 8 - \frac{2}{3}r - 7s$.

Geordnet für alle Variablen:

$$\begin{aligned} x_1 &= 8 - \tfrac{2}{3}r - 7s \\ x_2 &= r \\ x_3 &= s \\ x_4 &= -4 + 2s \end{aligned}$$

Daraus folgt als allgemeine Lösung

$$\mathbf{x} = \begin{pmatrix} x_1 \\ x_2 \\ x_3 \\ x_4 \end{pmatrix} = \begin{pmatrix} 8 \\ 0 \\ 0 \\ -4 \end{pmatrix} + r \begin{pmatrix} -\frac{2}{3} \\ 1 \\ 0 \\ 0 \end{pmatrix} + s \begin{pmatrix} -7 \\ 0 \\ 1 \\ 2 \end{pmatrix}; \quad r, s \in I\!R.$$

d) $r = r^* = 3 < n = 4$, d.h., das inhomogene LGS ist lösbar und besitzt eine 1-dimensionale Lösungsmannigfaltigkeit ($d = n - r = 4 - 3 = 1$).

$$\text{Allgemeine Lösung: } \mathbf{x} = \begin{pmatrix} 5 \\ 0 \\ -3 \\ 0 \end{pmatrix} + t \begin{pmatrix} -2 \\ 1 \\ 0 \\ 0 \end{pmatrix}.$$

e) $r = r^* = 3$, d.h., das System ist lösbar. Wegen $n = 5$ folgt $d = n - r = 2$, d.h., es existiert eine 2-dimensionale Lösungsmannigfaltigkeit.
Eine mögliche allgemeine Lösung lautet:

$$\mathbf{x} = \frac{1}{3} \begin{pmatrix} 0 \\ -4 \\ 0 \\ -1 \\ 0 \end{pmatrix} + r \begin{pmatrix} 0 \\ 0 \\ 1 \\ 2 \\ 0 \end{pmatrix} + s \begin{pmatrix} -3 \\ 6 \\ 0 \\ -3 \\ 2 \end{pmatrix}; \quad r, s \in I\!R.$$

f) $r = r^* = n = 5$, d.h., es existiert eine eindeutig bestimmte Lösung; sie lautet $\mathbf{x} = (2; -2; 3; 3; 1)^T$.

g) $r = r^* = 2$ in beiden Fällen, d.h., beide Systeme sind lösbar. Wegen $d = n - r = 2$ besitzt das inhomogene System eine 2-dimensionale Lösungsmannigfaltigkeit und das homogene System einen 2-dimensionalen Lösungsraum.
Eine mögliche Darstellung der beiden allgemeinen Lösungen ist:

$$\mathbf{x} = \begin{pmatrix} x_1 \\ x_2 \\ x_3 \\ x_4 \end{pmatrix} = \begin{pmatrix} 0 \\ -3 \\ -4 \\ 0 \end{pmatrix} + t_1 \begin{pmatrix} 1 \\ 10 \\ 13 \\ 0 \end{pmatrix} + t_2 \begin{pmatrix} 0 \\ -17 \\ -22 \\ 1 \end{pmatrix}; t_1, t_2 \in I\!R \text{ für } \mathbf{A} \cdot \mathbf{x} = \mathbf{b}.$$

$$\mathbf{x} = t_1 \begin{pmatrix} 1 \\ 10 \\ 13 \\ 0 \end{pmatrix} + t_2 \begin{pmatrix} 0 \\ -17 \\ -22 \\ 1 \end{pmatrix} ; t_1, t_2 \in \mathbb{R} \text{ für das zugeordnete, homogene LGS}$$

$\mathbf{A} \cdot \mathbf{x} = \mathbf{0}$.

3. a) $r = r^* = 2, d = n - r = 3 - 2 = 1$,

$$L = \left\{ \mathbf{x}/\mathbf{x} = \tfrac{1}{5} \begin{pmatrix} 4 \\ 7 \\ 0 \end{pmatrix} + \tfrac{1}{5} t \begin{pmatrix} -9 \\ -17 \\ 5 \end{pmatrix} \quad \text{und} \quad t \in \mathbb{R} \right\}.$$

b) $r = r^* = 3, d = n - r = 4 - 3 = 1$,

$$L = \left\{ \mathbf{x}/\mathbf{x} = t \begin{pmatrix} -1 \\ 0 \\ 3 \\ 1 \end{pmatrix} \quad \text{und} \quad t \in \mathbb{R} \right\}.$$

c) Wegen $r = 3 < r^* = 4$ ist das System unlösbar.

d) $r = r^* = 3, d = n - r = 4 - 3 = 1$.

$$L = \left\{ \mathbf{x}/\mathbf{x} = \begin{pmatrix} 0 \\ 1 \\ -1 \\ 0 \end{pmatrix} + t \begin{pmatrix} -1 \\ -2 \\ 3 \\ 1 \end{pmatrix} \quad \text{und} \quad t \in \mathbb{R} \right\}.$$

e) $r = r^* = n = 4, \quad \mathbf{x} = (1; 2; -1; 0)^T$.

f) $r = r^* = n = 4, \quad \mathbf{x} = (-1; -7; -3; 2)^T$.

g) $r = r^* = 3, d = n - r = 4 - 3 = 1$,

$$L = \left\{ \mathbf{x}/\mathbf{x} = \begin{pmatrix} 0 \\ -\frac{1}{3} \\ \frac{1}{9} \\ \frac{4}{9} \end{pmatrix} + t \begin{pmatrix} 1 \\ -5 \\ -\frac{17}{3} \\ -\frac{11}{3} \end{pmatrix} \quad \text{und} \quad t \in \mathbb{R} \right\}.$$

h) $r = r^* = 3, d = n - r = 4 - 3 = 1$,

$$L = \left\{ \mathbf{x}/\mathbf{x} = t \begin{pmatrix} 12 \\ 4 \\ 0 \\ -3 \end{pmatrix} \quad \text{und} \quad t \in \mathbb{R} \right\}.$$

i) $r = r^* = 2, d = n - r = 5 - 2 = 3,$

$$L = \left\{ \mathbf{x}/\mathbf{x} = \begin{pmatrix} 0 \\ -7 \\ 0 \\ 5 \\ 0 \end{pmatrix} + t_1 \begin{pmatrix} 1 \\ 10 \\ 0 \\ -7 \\ 0 \end{pmatrix} + t_2 \begin{pmatrix} 0 \\ 11 \\ 1 \\ -7 \\ 0 \end{pmatrix} + t_3 \begin{pmatrix} 0 \\ 14 \\ 0 \\ -9 \\ 1 \end{pmatrix} \right\},$$

wobei $t_1, t_2, t_3 \in \mathbb{R}$.

j) $r = r^* = 4, d = n - r = 5 - 4 = 1,$

$$L = \left\{ \mathbf{x}/\mathbf{x} = \begin{pmatrix} 1 \\ 2 \\ 0 \\ 1 \\ -3 \end{pmatrix} + t \begin{pmatrix} -3 \\ -1 \\ 1 \\ 1 \\ 1 \end{pmatrix} \quad \text{und} \quad t \in \mathbb{R} \right\}.$$

4. Eine mögliche Durchführung des Gaußschen Algorithmus ist die folgende:

1	1	1	1
1	1	**−1**	
a	1	1	1
2	**2**	0	
$a+1$	2	0	−1
$a-1$	0	0	

Für $a \neq 1$ ist auch die letzte Zeile eine Leitzeile, somit gilt $r = n = 3$, d.h., das System ist eindeutig lösbar; die Lösung ist $\mathbf{x} = \mathbf{0}$.

5. Der Gaußsche Algorithmus kann wie folgt durchgeführt werden:

0	**−1**	$-2t$	1	
t	0	$2t$	0	0
1	2	$2t$	−1	2
2	2	0	0	2
t	0	$2t$	0	$-t$
1	0	$-2t$	1	
2	0	$-4t$	2	−2
0	0	$2t^2+2t$	$-t$	
0	0	0	0	

Das System ist unlösbar, wenn $2t^2 + 2t = 2t(t+1) = 0$ und $t \neq 0$ gilt, d.h. für $t = -1$; dann ist $r = 2$, aber $r^* = 3$. Für $t = -1$ läßt sich also der Vektor $\mathbf{b}$ nicht als Linearkombination der Vektoren $\mathbf{a_1}, \mathbf{a_2}, \mathbf{a_3}$ darstellen.

Für $t = 1$ lauten die Leitzeilen und das entsprechende, gestaffelte LGS (nach Umordnung der Variablen):

0	−1	−2	1
1	0	−2	1
0	0	4	−1

$$\begin{aligned} -y \quad -2z &= 1 \\ x \quad -2z &= 1 \\ 4z &= -1. \end{aligned}$$

Es folgt: $z = -\frac{1}{4}, x = \frac{1}{2}, y = -\frac{1}{2}$, und somit $\mathbf{b} = \frac{1}{2}\mathbf{a}_1 - \frac{1}{2}\mathbf{a}_2 - \frac{1}{4}\mathbf{a}_3$.

6. Ohne Berücksichtigung der drei Fragestellungen kann der Gaußsche Algorithmus zunächst wie folgt durchgeführt werden:

1	-2	3	-4	
2	1	1	2	-2
1	α	2	$-\beta$	-1
0	5	$\mathbf{-5}$	10	
0	$\alpha+2$	-1	$4-\beta$	$-\frac{1}{5}$
0	$\alpha+1$	0	$2-\beta$	

In Abhängigkeit von α und β ergeben sich folgende Antworten:

a) Für $\alpha \neq -1$ ist $r = r^* = n = 3$, und das System ist eindeutig lösbar.

b) Für $\alpha = -1$ und $\beta \neq 2$ ist $r = 2$ und $r^* = 3$, d.h., das System ist unlösbar.

c) Für $\alpha = -1$ und $\beta = 2$ ist $r = r^* = 2$ und $d = n - r = 3 - 2 = 1$, d.h., es existiert eine 1-dimensionale Lösungsmannigfaltigkeit.

7. Der Gaußsche Algorithmus kann wie folgt durchgeführt werden:

2	1	1	0	
$-2a$	a	9	6	a
2	2	a	1	-1
0	$2a$	$9+a$	6	$-2a$
0	**1**	$a-1$	1	
0	0	$-2a^2+3a+9$	$6-2a$	

Damit $r = r^* = 3$ gilt und mit $n = 3$ eindeutige Lösbarkeit folgt, muß $-2a^2 + 3a + 9 \neq 0$ sein. Da $-2a^2 + 3a + 9 = 0$ für $a = 3$ und $a = -\frac{3}{2}$ gilt, ist also das System für alle $a \neq 3$ und $a \neq -\frac{3}{2}$ eindeutig lösbar.

8. Die Lösung kann auf folgende Weise geschehen:

1	**3**	4	4	
-5	0	1	a	0
-1	3	1	-12	-1
1	0	-3	-1	0
-5	0	1	a	5
-2	0	-3	-16	2
1	0	-3	-1	
0	0	-14	$a-5$	$-\frac{14}{9}$
0	0	$\mathbf{-9}$	-18	
0	0	0	$a+23$	

Unabhängig von a gilt $r = 3$.
Für $a = -23$ gilt $r^* = r = 3$, so daß in diesem Fall eine eindeutige Lösung existiert und zwar $\mathbf{x} = (5; -3; 2)^T$.
Für $a \neq -23$ ist $r^* = 4$ und $r = 3$, in diesem Fall ist die Lösungsmenge leer.

9. Wir behandeln die 3 Ebenengleichungen als LGS, dann entspricht der Lösungsmenge das geometrische Schnittgebilde der 3 Ebenen.
Nach dem Gaußschen Algorithmus könnte man beispielsweise erhalten:

1	-1	$\mathbf{-1}$	-2	
3	1	-1	b	-1
a	8	2	7	2
2	$\mathbf{2}$	0	$b+2$	
$a+2$	6	0	3	-3
$a-4$	0	0	$-3b-3$	

Einer Schnittgeraden entspricht als Lösungsmenge eine 1-dimensionale Lösungsmannigfaltigkeit. Dieser Fall tritt ein, wenn $d = n - r = 3 - r = 1$ gilt und somit $r = r^* = 2$. Das bedeutet aber, daß $a = 4$ und $b = -1$ gelten muß.
Für $a = 4$ und $b = -1$ lauten die Leitzeilen und das entsprechende, gestaffelte LGS

1	−1	−1	−2
2	2	0	1

$$\begin{array}{rrrcr} -z & -y & +x & = & -2 \\ & 2y & +2x & = & 1 \end{array}$$

Da kein Koeffizient von x als Leitelement gewählt wurde, setzen wir $x = t \in \mathbb{R}$ (frei wählbarer Parameter) und erhalten $y = -t + \frac{1}{2}$ und $z = t - \frac{1}{2} + t + 2 = 2t + \frac{3}{2}$; geordnet ergibt sich

$$\begin{array}{rcrcr} x & = & 0 & + & t \\ y & = & \frac{1}{2} & - & t \\ z & = & \frac{3}{2} & + & 2t \end{array} \quad \text{bzw.} \quad \begin{pmatrix} x \\ y \\ z \end{pmatrix} = \begin{pmatrix} 0 \\ \frac{1}{2} \\ \frac{3}{2} \end{pmatrix} + t \begin{pmatrix} 1 \\ -1 \\ 2 \end{pmatrix} \quad \text{mit} \quad t \in \mathbb{R},$$

und das ist die Parametergleichung der Schnittgeraden der 3 Ebenen.

4 Eigenwerte und Eigenvektoren quadratischer Matrizen

Schwerpunkte:

Eigenwerte, Eigenvektoren, charakteristisches Polynom und charakteristische Gleichung, Eigenraum, Spur einer Matrix, ähnliche Matrizen, Eigenschaften und Anwendungen

$\mathbf{A}$ sei eine n-reihige, quadratische Matrix: $\mathbf{A}_{(n,n)} = (a_{ij})_{i,j=1(1)n}$ mit $a_{ij} \in \mathbb{R}$ für alle $i, j = 1(1)n$.
Jede Zahl λ, für die es Vektoren $\mathbf{x} \in \mathbb{R}^n, \mathbf{x} \neq \mathbf{0}$ gibt, so daß $\mathbf{A} \cdot \mathbf{x} = \lambda\mathbf{x}$ bzw. $(\mathbf{A} - \lambda\mathbf{E}) \cdot \mathbf{x} = \mathbf{0}$ gilt, heißt **Eigenwert** von $\mathbf{A}$, und die zugehörigen Vektoren $\mathbf{x}$ heißen die zum Eigenwert λ gehörenden **Eigenvektoren**. Die Eigenvektoren bilden zusammen mit dem Nullvektor den zum Eigenwert λ gehörenden **Eigenraum**. Die Eigenwerte einer Matrix $\mathbf{A}_{(n,n)}$ sind die reellen Nullstellen des **charakteristischen Polynoms** der Matrix $\mathbf{A} : p_A(\lambda) = \det(\mathbf{A} - \lambda\mathbf{E})$, d.h., es sind die Lösungen der **charakteristischen Gleichung** $\det(\mathbf{A} - \lambda\mathbf{E}) = 0$.

(Unter gewissen Bedingungen werden komplexe Lösungen der charakteristischen Gleichung ebenfalls als Eigenwerte bezeichnet.)

Spur einer Matrix $\mathbf{A}_{(n,n)}$: $\quad \operatorname{sp}(\mathbf{A}) := \sum_{i=1}^{n} a_{ii}.$

Ähnliche Matrizen: $\mathbf{A}_{(n,n)}$ und $\mathbf{B}_{(n,n)}$ vom gleichen, quadratischen Typ heißen ähnlich, wenn es eine reguläre Matrix $\mathbf{M}_{(n,n)}$ gibt, so daß $\mathbf{A} = \mathbf{M}^{-1} \cdot \mathbf{B} \cdot \mathbf{M}$ gilt.

Eigenschaften

1. Jede Matrix $\mathbf{A}_{(n,n)}$ besitzt höchstens n Eigenwerte, die ggf. entsprechend ihrer Vielfachheit als Lösungen des charakteristischen Polynoms gezählt werden.

2. Die Maximalzahl der zum Eigenwert λ gehörenden linear unabhängigen Vektoren ist $n - \operatorname{rg}(\mathbf{A} - \lambda\mathbf{E}) > 0$, das ist zugleich die Dimension des zugehörigen Eigenraumes und heißt auch geometrische Vielfalt des Eigenwertes λ.

3. Ist λ eine k-fache Lösung der charakteristischen Gleichung, so heißt λ k-facher Eigenwert, und die Dimension des zugehörigen Eigenraumes ist höchstens gleich k.

4. Sind λ_i; $i = 1, \dots, k$ paarweise voneinander verschiedene Eigenwerte einer Matrix $\mathbf{A}_{(n,n)}$, und sind $\mathbf{x}_i$ zugehörige Eigenvektoren, so ist das Vektorsystem $\{\mathbf{x}_1, \dots, \mathbf{x}_k\}$ linear unabhängig.

5. Jede Matrix $\mathbf{A}_{(n,n)}$ erfüllt ihre eigene charakteristische Gleichung (Satz von Cayley-Hamilton).

6. Ähnliche Matrizen haben die gleiche Spur, die gleiche Determinante, das gleiche charakteristische Polynom und die gleichen Eigenwerte.

7. Existiert eine nur aus Eigenvektoren einer Matrix $\mathbf{A}_{(n,n)}$ bestehende Basis des $\mathbb{R}^n$, und ist $\mathbf{M}_A$ diejenige Matrix, deren Spalten diese Basisvektoren sind, so erhält man vermittels $\mathbf{M}_A^{-1} \cdot \mathbf{A} \cdot \mathbf{M}_A = \mathbf{D}$ eine zu $\mathbf{A}$ ähnliche Diagonalmatrix $\mathbf{D}$, deren Hauptdiagonalelemente die Eigenwerte von $\mathbf{A}$ sind.

8. Eine symmetrische Matrix besitzt genau n Eigenwerte, es existiert stets eine aus Eigenvektoren bestehende Basis des $\mathbb{R}^n$, d.h., eine symmetrische Matrix besitzt stets eine zu ihr ähnliche Diagonalmatrix.

Fragen zu 4

1. Wie erfolgt die schrittweise Berechnung der Eigenwerte und der zugehörigen Eigenräume einer Matrix $\mathbf{A}_{(n,n)}$?

2. Ist jeder Vektor eines zu einem Eigenwert λ einer Matrix $\mathbf{A}$ gehörenden Eigenraumes ein Eigenvektor?

3. Welche (trivialen) Ergebnisse erhält man, wenn man eine Einheitsmatrix auf Eigenwerte und Eigenvektoren untersucht?

4. Gilt für alle Matrizen $\mathbf{A}_{(n,n)}$, daß $\text{rg}(\mathbf{A} - \lambda\mathbf{E}) < n$ ist?

5. Warum besitzen eine Matrix $\mathbf{A}_{(n,n)}$ und ihre Transponierte $\mathbf{A}^T_{(n,n)}$ die gleichen Eigenwerte?

6. Welche Rolle spielen die Eigenräume einer Matrix $\mathbf{A}_{(n,n)}$ hinsichtlich der durch $\mathbf{A}$ definierten linearen Abbildung $\varphi : \mathbb{R}^n \to \mathbb{R}^n$ (Abbildung des $\mathbb{R}^n$ in den $\mathbb{R}^n$)?

7. Welche für die Eigenwerte einer Matrix notwendigen Bedingungen ergeben eine Kontrollmöglichkeit bei der Berechnung von Eigenwerten?

8. Warum ist jede nicht-triviale Linearkombination von k zu einem Eigenwert λ einer Matrix $\mathbf{A}_{(n,n)}$ gehörenden Eigenvektoren $\mathbf{x}_1 \ldots, \mathbf{x}_k$ wieder ein zu λ gehörender Eigenvektor?

9. Was folgt für eine Matrix $\mathbf{A}_{(n,n)}$, wenn sie (ggf. u.a.) den Eigenwert 0 besitzt?

10. Warum besitzen ähnliche Matrizen gleiche Eigenwerte?

11. Was kann man über $\text{rg}(\mathbf{A} - \lambda_i \mathbf{E}); i = 1, \ldots, n$ aussagen, wenn $\lambda_1, \ldots, \lambda_n$ n paarweise verschiedene, reelle Eigenwerte von $\mathbf{A}$ sind?
Welche Beziehung besteht in diesem Fall zwischen $\mathbb{R}^n$ und den n Eigenräumen?

12. Wie kann man mit Hilfe von Eigenwerten zu einer symmetrischen Matrix $\mathbf{A}_{(n,n)}$ eine ähnliche Diagonalmatrix ermitteln?

Aufgaben zu 4

1. Berechnen Sie zu folgenden Matrizen die Eigenwerte, geben Sie zu jedem Eigenwert ein Maximalsystem linear unabhängiger Eigenvektoren sowie eine Darstellung des zugehörigen Eigenraumes an.
Kontrollieren Sie die berechneten Eigenwerte mit Hilfe der notwendigen Bedingungen für Summe und Produkt der Eigenwerte.

a) $\mathbf{A} = \begin{pmatrix} -5 & 2 \\ -3 & 0 \end{pmatrix}$, b) $\mathbf{B} = \begin{pmatrix} -1 & 6 & -2 \\ -3 & 10 & -3 \\ -1 & 3 & 0 \end{pmatrix}$,

c) $\mathbf{C} = \begin{pmatrix} 2 & 0 & 0 \\ 0 & 2 & 0 \\ 0 & 0 & 2 \end{pmatrix}$, d) $\mathbf{D} = \begin{pmatrix} -2 & 2 & -3 \\ 2 & 1 & -6 \\ -1 & -2 & 0 \end{pmatrix}$.

2. Welche reellen Eigenwerte besitzen die folgenden Matrizen $\mathbf{A}_i$?
Welchen Wert hat jeweils $\text{rg}(\mathbf{A}_i - \lambda\mathbf{E})$ und die Dimension der ggf. existierenden Eigenräume? In welchen Fällen gibt es eine Basis des jeweiligen $\mathbb{R}^n$, die nur aus Eigenvektoren besteht, und in welchen Fällen gibt es beliebig viele Vektoren des $\mathbb{R}^n$, die zu keinem Eigenraum gehören?

a) $\mathbf{A}_1 = \begin{pmatrix} 6 & 16 \\ -1 & -2 \end{pmatrix}$, b) $\mathbf{A}_2 = \begin{pmatrix} 2 & -1 \\ 4 & -2 \end{pmatrix}$, c) $\mathbf{A}_3 = \begin{pmatrix} 8 & 2 \\ 2 & 5 \end{pmatrix}$,

d) $\mathbf{A}_4 = \begin{pmatrix} 2 & 0 & 0 \\ 0 & 2 & 0 \\ 0 & 0 & 2 \end{pmatrix}$, e) $\mathbf{A}_5 = \begin{pmatrix} 1 & 0 & 0 \\ 0 & 2 & 0 \\ 0 & 0 & 2 \end{pmatrix}$, f) $\mathbf{A}_6 = \begin{pmatrix} 1 & -1 \\ 1 & 1 \end{pmatrix}$.

3. Zeigen Sie am Beispiel folgender Matrizen die Gültigkeit des Satzes von Cayley-Hamilton!

   a) $\mathbf{A} = \begin{pmatrix} 8 & 2 \\ 2 & 5 \end{pmatrix}$, b) $\mathbf{B} = \begin{pmatrix} 2 & 0 & -3 \\ 0 & 2 & \sqrt{3} \\ -3 & \sqrt{3} & -2 \end{pmatrix}$, c) $\mathbf{C} = \begin{pmatrix} 3 & 1 \\ 0 & -3 \end{pmatrix}$.

4. Ermitteln Sie für folgende Matrizen die Transformationsmatrix, die diese Matrizen in eine ähnliche Diagonalmatrix überführt. Führen Sie ggf. die Transformation durch!

   a) $\mathbf{A} = \begin{pmatrix} 2 & \sqrt{2} \\ \sqrt{2} & 3 \end{pmatrix}$, b) $\mathbf{B} = \begin{pmatrix} 9 & 0 & 0 \\ 0 & 20 & -16 \\ 0 & -16 & 20 \end{pmatrix}$,

   c) $\mathbf{C} = \begin{pmatrix} 6 & 16 \\ -1 & -2 \end{pmatrix}$, d) $\mathbf{D} = \begin{pmatrix} 1 & -1 \\ 1 & 1 \end{pmatrix}$, e) $\mathbf{F} = \begin{pmatrix} -5 & 2 \\ -3 & 0 \end{pmatrix}$.

5. Zeigen Sie, daß die Matrizen **A** und **B** ähnlich sind, indem Sie zunächst für beide die Ähnlichkeit zu einer gemeinsamen Diagonalmatrix nachweisen! Ermitteln Sie anschließend eine Matrix **M**, die die Ähnlichkeit von **A** und **B** vermittels $\mathbf{A} = \mathbf{M}^{-1} \cdot \mathbf{B} \cdot \mathbf{M}$ begründet, wobei

   $$\mathbf{A} = \begin{pmatrix} -3 & 1 \\ 0 & -2 \end{pmatrix}, \quad \mathbf{B} = \begin{pmatrix} -2 & 2 \\ 0 & -3 \end{pmatrix}.$$

6. Ermitteln Sie eine Matrix **M**, die die gegebene symmetrische Matrix **S** auf Diagonalgestalt transformiert!

   $$\mathbf{S} = \begin{pmatrix} 41 & 12 & 0 \\ 12 & 34 & 0 \\ 0 & 0 & 25 \end{pmatrix}.$$

Antworten zu 4

1. 1. Schritt: Man bildet die Matrix $(\mathbf{A} - \lambda\mathbf{E})$.
   2. Schritt: Man löst die charakteristische Gleichung $\det(\mathbf{A} - \lambda\mathbf{E}) = 0$ und erhält die Lösungen $\lambda_1, \lambda_2, \ldots, \lambda_n$, von denen keine, einige oder alle reell sind.

3. Schritt: Für jeden reellen Eigenwert λ_i löst man das homogene lineare Gleichungssystem $(\mathbf{A} - \lambda_i\mathbf{E}) \cdot \mathbf{x} = \mathbf{0}$, das für jeden reellen Eigenwert λ_i unendlich viele Lösungen besitzt.
Die Darstellung dieser Lösungsmenge (man vgl. lineare Gleichungssysteme) ist zugleich die Darstellung des zum Eigenwert λ_i gehörenden Eigenraumes $V_{\lambda=\lambda_i}(\mathbf{A})$ und enthält eine Basis aus linear unabhängigen, zum Eigenwert λ_i gehörenden Eigenvektoren.

2. Jeder Vektor $\mathbf{x} \neq \mathbf{0}$ des zu einem Eigenwert λ gehörenden Eigenraumes ist eine Lösung von $(\mathbf{A} - \lambda\mathbf{E}) \cdot \mathbf{x} = \mathbf{0}$ und erfüllt somit die Forderung $\mathbf{A} \cdot \mathbf{x} = \lambda\mathbf{x}$, ist also ein Eigenvektor; d.h., anders ausgedrückt, daß jeder nicht-triviale Vektor dieses Eigenraumes durch die Matrix $\mathbf{A}$ auf das λ-fache von sich selbst abgebildet wird.

3. Es ergibt sich für $\mathbf{A} = \mathbf{E}_{(n,n)}$ die charakteristische Gleichung $(1-\lambda)^n = 0$, d.h., $\lambda = 1$ ist n-facher Eigenwert von $\mathbf{E}_{(n,n)}$, und der zugehörige Eigenraum ist der Raum $\mathbb{R}^n$, d.h., jeder Vektor $\mathbf{x} \neq \mathbf{0}, \mathbf{x} \in \mathbb{R}^n$ ist ein Eigenvektor der Matrix $\mathbf{E}_{(n,n)}$ zum Eigenwert $\lambda = 1$, was auch durch $\mathbf{E}_{(n,n)} \cdot \mathbf{x} = 1 \cdot \mathbf{x}$ für alle $\mathbf{x} \in \mathbb{R}^n, \mathbf{x} \neq \mathbf{0}$ deutlich wird.

4. Nein. Wenn alle Lösungen der charakteristischen Gleichung einer Matrix $\mathbf{A}_{(n,n)}$ komplex sind, gibt es keine Vektoren $\mathbf{x} \in \mathbb{R}^n$, für die $\mathbf{A} \cdot \mathbf{x} = \lambda\mathbf{x}$ gilt. Es ist in diesem Falle $\operatorname{rg}(\mathbf{A} - \lambda\mathbf{E}) = n$, und das homogene lineare Gleichungssystem $(\mathbf{A} - \lambda\mathbf{E}) \cdot \mathbf{x} = \mathbf{0}$ besitzt nur die triviale Lösung, d.h., $\mathbf{A}$ hat keine (reellen) Eigenwerte.

5. Es ist $(\mathbf{A} - \lambda\mathbf{E})^T = \mathbf{A}^T - \lambda\mathbf{E}$, und so folgt $\det(\mathbf{A} - \lambda\mathbf{E}) = \det(\mathbf{A} - \lambda\mathbf{E})^T = \det(\mathbf{A}^T - \lambda\mathbf{E})$. Damit besitzen aber $\mathbf{A}$ und $\mathbf{A}^T$ dieselben charakteristischen Gleichungen und somit die gleichen Eigenwerte.

6. Jede Matrix $\mathbf{A}_{(n,n)}$ definiert vermittels $\varphi(\mathbf{x}) := \mathbf{A} \cdot \mathbf{x}$ für alle $\mathbf{x} \in \mathbb{R}^n$ eine Abbildung des $\mathbb{R}^n$ in/auf den $\mathbb{R}^n$. Gegebenenfalls existierende Eigenräume $\mathbf{V}_{\lambda=\lambda_i}(\mathbf{A})$ sind bezüglich φ invariante Unterräume des $\mathbb{R}^n$, d.h., $\varphi(\mathbf{V}_{\lambda=\lambda_i}(\mathbf{A})) = \mathbf{V}_{\lambda=\lambda_i}(\mathbf{A})$, die Eigenvektoren von $\mathbf{V}_{\lambda=\lambda_i}(\mathbf{A})$, werden auf Eigenvektoren des gleichen Eigenraumes abgebildet.

7. Sind $\lambda_1, \ldots, \lambda_n$ die Eigenwerte einer Matrix $\mathbf{A}_{(n,n)}$, so gilt $\det \mathbf{A} = \prod_{i=1}^{n} \lambda_i$ und $\operatorname{sp}(\mathbf{A}) = \sum_{i=1}^{n} \lambda_i$, womit leicht durchführbare Kontrollmöglichkeiten für berechnete Eigenwerte gegeben sind.

8. Die zu einem Eigenwert λ einer Matrix $\mathbf{A}$ gehörenden Eigenvektoren bilden zusammen mit dem Nullvektor den zugehörigen Eigenraum.

Dieser ist als Lösungsraum eines homogenen linearen Gleichungssystems ein Unterraum des $\mathbb{R}^n$, also führen Linearkombinationen von Eigenvektoren dieses Unterraumes nicht aus diesem heraus.

9. Wegen $\det \mathbf{A} = \prod_{i=1}^{n} \lambda_i$ folgt $\det \mathbf{A} = 0$, wenn $\lambda = 0$ ein Eigenwert von $\mathbf{A}$ ist. Das bedeutet, daß $\lambda = 0$ genau dann Eigenwert von $\mathbf{A}$ ist, wenn $\mathbf{A} \cdot \mathbf{x} = \mathbf{0}$ nicht-triviale Lösungen besitzt.

10. Es seien $\mathbf{A}_{(n,n)}$ und $\mathbf{B}_{(n,n)}$ ähnliche Matrizen, d.h., es existiert eine reguläre Matrix $\mathbf{M}$, so daß gilt $\mathbf{A} = \mathbf{M}^{-1} \cdot \mathbf{B} \cdot \mathbf{M}$. Es folgt
$\det(\mathbf{A} - \lambda\mathbf{E}) = \det(\mathbf{M}^{-1} \cdot \mathbf{B} \cdot \mathbf{M} - \lambda\mathbf{M}^{-1} \cdot \mathbf{M}) = \det(\mathbf{M}^{-1} \cdot (\mathbf{B} - \lambda\mathbf{E}) \cdot \mathbf{M}) = \det \mathbf{M}^{-1} \cdot \det(\mathbf{B} - \lambda\mathbf{E}) \cdot \det \mathbf{M} = \det(\mathbf{B} - \lambda\mathbf{E})$,
und somit haben $\mathbf{A}$ und $\mathbf{B}$ das gleiche charakteristische Polynom und folglich auch die gleichen Eigenwerte.

11. Zu den Eigenwerten λ_i gehören die Eigenräume $\mathbf{V}_{\lambda=\lambda_i}(\mathbf{A})$, und es sei jeweils $\mathbf{x}_i$ einer der Eigenvektoren zum Eigenwert λ_i, also $\mathbf{x}_i \in \mathbf{V}_{\lambda=\lambda_i}(\mathbf{A})$.Da die λ_i paarweise verschieden sind, sind die $\mathbf{x}_i$ paarweise linear unabhängig, d.h., $\{\mathbf{x}_i\}_{i=1,\dots,n}$ ist ein System von n linear unabhängigen Eigenvektoren (und eine Basis des $\mathbb{R}^n$). Kein Eigenraum $\mathbf{V}_{\lambda=\lambda_i}(\mathbf{A})$ kann einen weiteren, von $\mathbf{x}_i$ linear unabhängigen Vektor enthalten, d.h., $\dim \mathbf{V}_{\lambda=\lambda_i}(\mathbf{A}) = 1$ für alle $i = 1, \dots, n$. Es folgt $\dim \mathbf{V}_{\lambda=\lambda_i}(\mathbf{A}) = n - \operatorname{rg}(\mathbf{A} - \lambda_i\mathbf{E}) = 1$ und somit $\operatorname{rg}(\mathbf{A} - \lambda_i\mathbf{E}) = n - 1$ für $i = 1, \dots, n$. $\mathbb{R}^n$ ist in diesem Fall das direkte Produkt der n eindimensionalen Eigenräume $\mathbf{V}_{\lambda=\lambda_i}(\mathbf{A})$.

12. Ist $\mathbf{A}_{(n,n)}$ eine symmetrische Matrix, so existiert stets eine nur aus Eigenvektoren von $\mathbf{A}$ bestehende Basis des $\mathbb{R}^n$, und es sei $\mathbf{M}_A$ die Matrix, deren Spalten diese Basisvektoren (Eigenvektoren von $\mathbf{A}$) sind. Dann erhält man vermittels $\mathbf{M}_A^{-1} \cdot \mathbf{A} \cdot \mathbf{M}_\mathbf{A} = \mathbf{D}$ eine zu $\mathbf{A}$ ähnliche Diagonalmatrix $\mathbf{D}$, deren Hauptdiagonalelemente die Eigenwerte von $\mathbf{A}$ sind.

Lösungen zu 4

1. a) Eigenwerte $\lambda_1 = -2, \lambda_2 = -3$; Kontrolle $\lambda_1 + \lambda_2 = -5 = a_{11} + a_{22} = \operatorname{sp}(\mathbf{A})$; $\lambda_1 \cdot \lambda_2 = 6 = \det \mathbf{A}$; Eigenräume:
$\mathbf{V}_{\lambda=-2}(\mathbf{A}) = \{\mathbf{x}/\mathbf{x} = t(2;3)^T, t \in \mathbb{R}\}$, Basis $\{(2;3)^T\}$;
$\mathbf{V}_{\lambda=-3}(\mathbf{A}) = \{\mathbf{x}/\mathbf{x} = s(1;1)^T, s \in \mathbb{R}\}$, Basis $\{(1;1)^T\}$.
b) Eigenwerte $\lambda_{1/2} = 1$, $\lambda_3 = 7$; Kontrolle $\lambda_1 + \lambda_2 + \lambda_3 = 9 = \operatorname{sp}(\mathbf{B})$; $\lambda_1 \cdot \lambda_2 \cdot \lambda_3 = 7 = \det \mathbf{B}$;

Eigenräume:

$$\mathbf{V}_{\lambda=1}(\mathbf{B}) = \left\{\mathbf{x}/\mathbf{x} = s\begin{pmatrix}3\\1\\0\end{pmatrix} + t\begin{pmatrix}-1\\0\\1\end{pmatrix}; s,t \in I\!R\right\}, \text{Basis}\left\{\begin{pmatrix}3\\1\\0\end{pmatrix}, \begin{pmatrix}-1\\0\\1\end{pmatrix}\right\};$$

$$\mathbf{V}_{\lambda=7}(\mathbf{B}) = \left\{\mathbf{x}/\mathbf{x} = t\begin{pmatrix}-2\\3\\1\end{pmatrix}, t \in I\!R\right\}, \text{Basis}\left\{\begin{pmatrix}-2\\3\\1\end{pmatrix}\right\}.$$

c) Eigenwerte $\lambda_{1/2/3} = 2$; Kontrolle $\lambda_1 + \lambda_2 + \lambda_3 = 6 = \mathrm{sp}(\mathbf{C})$; $\lambda_1 \cdot \lambda_2 \cdot \lambda_3 = 8 = \det \mathbf{C}$; Eigenraum: $V_{\lambda=2}(\mathbf{C}) = I\!R^3$, Basis z.B. $\{(2;0;0)^T, (0;2;0)^T, (0;0;2)^T\}$.

d) Eigenwerte $\lambda_{1,2} = -3, \lambda_3 = 5$; Kontrolle $\lambda_1 + \lambda_2 + \lambda_3 = -1 = \mathrm{sp}(\mathbf{D})$, $\lambda_1 \cdot \lambda_2 \cdot \lambda_3 = 45 = \det \mathbf{D}$; Eigenräume:

$$\mathbf{V}_{\lambda=-3}(\mathbf{D}) = \left\{\mathbf{x}/\mathbf{x} = s\begin{pmatrix}-2\\1\\0\end{pmatrix} + t\begin{pmatrix}3\\0\\1\end{pmatrix}; s,t \in I\!R\right\}, \text{Basis}\left\{\begin{pmatrix}-2\\1\\0\end{pmatrix}, \begin{pmatrix}3\\0\\1\end{pmatrix}\right\};$$

$$V_{\lambda=5}(\mathbf{D}) = \left\{\mathbf{x}/\mathbf{x} = t\begin{pmatrix}-1\\-2\\1\end{pmatrix}, t \in I\!R\right\}, \text{Basis}\left\{\begin{pmatrix}-1\\-2\\1\end{pmatrix}\right\}.$$

2. a) Eigenwerte $\lambda_{1/2} = 2$, es gilt $\mathrm{rg}(\mathbf{A}_1 - \lambda\mathbf{E}) = 1$ und somit $\dim V_{\lambda=2}(\mathbf{A}_1) = n - \mathrm{rg}(\mathbf{A}_1 - \lambda\mathbf{E}) = 2 - 1 = 1$. Es existiert nur ein eindimensonaler Eigenraum $V_{\lambda=2}(\mathbf{A}_1) \subseteq I\!R^2$, d.h., es gibt beliebig viele Vektoren des $I\!R^2$, die keine Eigenvektoren von $\mathbf{A_1}$ sind.

   b) Eigenwerte $\lambda_{1,2} = 0$, es gilt $\mathrm{rg}(\mathbf{A}_2 - \lambda\mathbf{E}) = 1$ und $\dim V_{\lambda=0}(\mathbf{A}_2) = 1$. Es existiert nur der eindimensionale Eigenraum $V_{\lambda=0}(\mathbf{A}_2)$, und folglich enthält $I\!R^2 - V_{\lambda=0}(\mathbf{A}_2)$ beliebig viele Vektoren, die keine Eigenvektoren von $\mathbf{A}_2$ sind.

   c) Eigenwerte $\lambda_1 = 9, \lambda_2 = 4$. Für jeden der beiden Eigenwerte gilt $\mathrm{rg}(\mathbf{A}_3 - \lambda\mathbf{E}) = 1$ und somit $\dim V_{\lambda=9}(\mathbf{A}_3) = 1$ und $\dim V_{\lambda=4}(\mathbf{A}_3) = 1$. Es existieren also zwei eindimensionale Eigenräume, es ist $V_{\lambda=9}(\mathbf{A}_3) \cap V_{\lambda=4}(\mathbf{A}_3) = \{\mathbf{0}\}$ und $I\!R^2 = V_{\lambda=9}(\mathbf{A}_3) \cup V_{\lambda=4}(\mathbf{A}_3))$; d.h., es existiert eine Basis des $I\!R^2$, die nur aus Eigenvektoren von $\mathbf{A}_3$ besteht. Es ergibt sich: $V_{\lambda=9}(\mathbf{A}_3) = \{\mathbf{x}/\mathbf{x} = t\binom{2}{1}, t \in I\!R\}$, $V_{\lambda=4}(\mathbf{A}_3) = \{\mathbf{x}/\mathbf{x} = t\binom{-1}{2}, t \in I\!R\}$ und es ist $\{\binom{2}{1}, \binom{-1}{2}\}$ eine Basis des $I\!R^2$, die nur aus Eigenvektoren von $\mathbf{A}_3$ besteht.

   d) Eigenwerte $\lambda_{1,2,3} = 2$, $\mathrm{rg}(\mathbf{A}_4 - \lambda\mathbf{E}) = \mathrm{rg}(\mathbf{0}) = 0$, das bedeutet $\dim V_{\lambda=2}(\mathbf{A}_4) = 3$. Es existiert ein 3-dimensionaler Eigenraum zum Eigenwert $\lambda = 2$, und es ist $V_{\lambda=2}(\mathbf{A}_4) = I\!R^3$. Damit ist jede Basis des $I\!R^3$ eine Basis aus Eigenvektoren von $\mathbf{A}_4$.

   e) Eigenwerte $\lambda_1 = 1, \lambda_{2/3} = 2$; für $\lambda_1 = 1$ ist $\mathrm{rg}\mathbf{A}_5 - \lambda\mathbf{E}) = 2$ und $\dim V_{\lambda=1}(\mathbf{A}_5) = 1$. Für $\lambda_{2/3}=2$ ist $\mathrm{rg}(\mathbf{A}_5 - \lambda\mathbf{E}) = 1$ und $\dim V_{\lambda=2}(\mathbf{A}_5) = 2$.

Ein Vektor $\mathbf{x}_1 \in V_{\lambda=1}(\mathbf{A}_5), \mathbf{x} \neq 0$ und 2 linear unabhängige Vektoren $\mathbf{x}_2, \mathbf{x}_3 \in V_{\lambda=2}(\mathbf{A}_5)$ bilden zusammen 3 linear unabhängige Eigenvektoren und somit eine Basis des $I\!R^3$. Es ist $I\!R^3$ das direkte Produkt der Eigenräume $V_{\lambda=1}(\mathbf{A}_5)$ und $V_{\lambda=2}(\mathbf{A}_5)$, es gilt:

$$V_{\lambda=1}(\mathbf{A}_5) = \left\{\mathbf{x}/\mathbf{x} = t \begin{pmatrix} 1 \\ 0 \\ 0 \end{pmatrix}, t \in I\!R\right\} \text{ und}$$

$$V_{\lambda=2}(\mathbf{A}_5) = \left\{\mathbf{x}/\mathbf{x} = s \begin{pmatrix} 0 \\ 1 \\ 0 \end{pmatrix}, +t \begin{pmatrix} 0 \\ 0 \\ 1 \end{pmatrix}; s, t \in I\!R\right\}.$$

f) Die charakteristische Gleichung lautet $\lambda^2 - 2\lambda + 2 = 0$, und in diesem Falle existieren keine reellen Eigenwerte von $\mathbf{A}_6$; d.h., es gibt keine reelle Zahl λ, für die die Gleichung $\mathbf{A}_6 \cdot \mathbf{x} = \lambda\mathbf{x}$ für Vektoren $\mathbf{x} \neq \mathbf{0}, \mathbf{x} \in I\!R^2$ erfüllt wird. Es gilt $\text{rg}(\mathbf{A}_6 - \lambda\mathbf{E}) = 2$ für alle $\lambda \in I\!R$, das lineare homogene Gleichungssystem $(\mathbf{A}_6 - \lambda\mathbf{E}) \cdot \mathbf{x} = \mathbf{0}$ besitzt nur die triviale Lösung.

3. a) Charakteristische Gleichung: $\lambda^2 - 13\lambda + 36 = 0$. Als Matrizengleichung für $\mathbf{A}$ ergibt sich $\mathbf{A} \cdot \mathbf{A} - 13 \cdot \mathbf{A} + 36 \cdot \mathbf{E} = \mathbf{0}$, und $\mathbf{A}$ eingesetzt

$$\begin{pmatrix} 68 & 26 \\ 26 & 29 \end{pmatrix} - \begin{pmatrix} 104 & 26 \\ 26 & 65 \end{pmatrix} + \begin{pmatrix} 36 & 0 \\ 0 & 36 \end{pmatrix} = \begin{pmatrix} 0 & 0 \\ 0 & 0 \end{pmatrix},$$

die Gleichung wird von $\mathbf{A}$ erfüllt.

b) Die charakteristische Gleichung lautet: $\lambda^3 - 2\lambda^2 - 16\lambda + 32 = 0$.
Als Matrizengleichung für $\mathbf{B}$ erhält man
$\mathbf{B} \cdot \mathbf{B} \cdot \mathbf{B} - 2\mathbf{B} \cdot \mathbf{B} - 16 \cdot \mathbf{B} + 32\mathbf{E} = \mathbf{0}$ und $\mathbf{B}$ eingesetzt ergibt

$$\begin{pmatrix} 26 & -6\sqrt{3} & -48 \\ -6\sqrt{3} & 14 & 16\sqrt{3} \\ -48 & 16\sqrt{3} & -32 \end{pmatrix} - \begin{pmatrix} 26 & -6\sqrt{3} & 0 \\ -6\sqrt{3} & 14 & 0 \\ 0 & 0 & 32 \end{pmatrix} -$$

$$\begin{pmatrix} 32 & 0 & -48 \\ 0 & 32 & 16\sqrt{3} \\ -48 & 16\sqrt{3} & -32 \end{pmatrix} + \begin{pmatrix} 32 & 0 & 0 \\ 0 & 32 & 0 \\ 0 & 0 & 32 \end{pmatrix} = \begin{pmatrix} 0 & 0 & 0 \\ 0 & 0 & 0 \\ 0 & 0 & 0 \end{pmatrix}.$$

c) Charakteristische Gleichung: $\lambda^2 - 9 = 0$. Als Matrizengleichung für $\mathbf{C}$ erhält man $\mathbf{C} \cdot \mathbf{C} - 9 \cdot \mathbf{E} = \mathbf{0}$. Die Matrix $\mathbf{C}$ eingesetzt ergibt

$$\begin{pmatrix} 9 & 0 \\ 0 & 9 \end{pmatrix} - 9 \begin{pmatrix} 1 & 0 \\ 0 & 1 \end{pmatrix} = \begin{pmatrix} 0 & 0 \\ 0 & 0 \end{pmatrix}.$$

4. a) Charakteristische Gleichung: $\lambda^2 - 5\lambda + 4 = 0$;
Eigenwerte: $\lambda_1 = 4, \lambda_2 = 1$;

Eigenräume: $V_{\lambda=4}(\mathbf{A}) = \{\mathbf{x}/\mathbf{x} = t(1;\sqrt{2})^T, t \in \mathbb{R}\}$,
$V_{\lambda=1}(\mathbf{A}) = \{\mathbf{x}/\mathbf{x} = s(-\sqrt{2};1)^T; s \in \mathbb{R}\}$, und somit ist
$\mathbf{M} = \begin{pmatrix} 1 & -\sqrt{2} \\ \sqrt{2} & 1 \end{pmatrix}$ eine Transformationsmatrix, für die
$\mathbf{M}^{-1} = \begin{pmatrix} \frac{1}{3} & \frac{1}{3}\sqrt{2} \\ -\frac{1}{3}\sqrt{2} & \frac{1}{3} \end{pmatrix}$ gilt, und schließlich erhält man
$\mathbf{M}^{-1} \cdot \mathbf{A} \cdot \mathbf{M} = \begin{pmatrix} \frac{1}{3} & \frac{1}{3}\sqrt{2} \\ -\frac{1}{3}\sqrt{2} & \frac{1}{3} \end{pmatrix} \cdot \begin{pmatrix} 2 & \sqrt{2} \\ \sqrt{2} & 3 \end{pmatrix} \cdot \begin{pmatrix} 1 & -\sqrt{2} \\ \sqrt{2} & 1 \end{pmatrix} =$
$\begin{pmatrix} \frac{4}{3} & \frac{4}{3}\sqrt{2} \\ -\frac{1}{3}\sqrt{2} & \frac{1}{3} \end{pmatrix} \cdot \begin{pmatrix} 1 & -\sqrt{2} \\ \sqrt{2} & 1 \end{pmatrix} = \begin{pmatrix} 4 & 0 \\ 0 & 1 \end{pmatrix} = \mathbf{D}$,
d.h., $\mathbf{D}$ ist die zu $\mathbf{A}$ ähnliche Diagonalmatrix, deren Hauptdiagonalelemente die Eigenwerte von $\mathbf{A}$ sind.

b) Charakteristische Gleichung: $(9-\lambda)(\lambda^2 - 40\lambda + 144) = 0$;
Eigenwerte: $\lambda_1 = 9, \lambda_2 = 4, \lambda_3 = 36$; Eigenräume:

$$V_{\lambda=9}(\mathbf{B}) = \left\{\mathbf{x}/\mathbf{x} = t\begin{pmatrix}1\\0\\0\end{pmatrix}, t \in \mathbb{R}\right\}, V_{\lambda=4}(\mathbf{B}) = \left\{\mathbf{x}/\mathbf{x} = s\begin{pmatrix}0\\1\\1\end{pmatrix}, s \in \mathbb{R}\right\},$$

$V_{\lambda=36} = \left\{\mathbf{x}/\mathbf{x} = p\begin{pmatrix}0\\-1\\1\end{pmatrix}, p \in \mathbb{R}\right\}$, und somit ist $\mathbf{M} = \begin{pmatrix} 1 & 0 & 0 \\ 0 & 1 & -1 \\ 0 & 1 & 1 \end{pmatrix}$

eine Transformationsmatrix, für die $\mathbf{M}^{-1} = \begin{pmatrix} 1 & 0 & 0 \\ 0 & \frac{1}{2} & \frac{1}{2} \\ 0 & -\frac{1}{2} & \frac{1}{2} \end{pmatrix}$ gilt, und

schließlich ist $\mathbf{M}^{-1} \cdot \mathbf{B} \cdot \mathbf{M} = \begin{pmatrix} 9 & 0 & 0 \\ 0 & 36 & 0 \\ 0 & 0 & 4 \end{pmatrix} = \mathbf{D}$, die zu $\mathbf{B}$ ähnliche Diagonalmatrix.

c) Charakteristische Gleichung: $\lambda^2 - 4\lambda + 4 = 0$; 2-facher Eigenwert: $\lambda = 2$
Eigenraum: $V_{\lambda=2}(\mathbf{C}) = \left\{\mathbf{x}/\mathbf{x} = t\begin{pmatrix}-4\\1\end{pmatrix}, t \in \mathbb{R}\right\}, \dim V_{\lambda=2}(\mathbf{C}) = 1$, und somit existiert keine Basis des $\mathbb{R}^2$, die nur aus Eigenvektoren von $\mathbf{C}$ besteht. Man kann zwar eine Diagonalmatrix $\mathbf{D} = \begin{pmatrix} 2 & 0 \\ 0 & 2 \end{pmatrix}$ bilden, die die Eigenwerte von $\mathbf{C}$ als Hauptdiagonalelemente besitzt und somit die gleichen Eigenwerte wie $\mathbf{C}$, aber $\mathbf{D}$ und $\mathbf{C}$ sind nicht ähnlich, denn der Ansatz $\mathbf{M}^{-1} \cdot \mathbf{C} \cdot \mathbf{M} = \mathbf{D}$ führt über $\mathbf{C} \cdot \mathbf{M} = \mathbf{M} \cdot \mathbf{D}$ zu Matrizen $\mathbf{M}$, die nicht regulär sind.

d) $\mathbf{D}$ besitzt keine reellen Eigenwerte (vgl. Lösung zu 2.f)), und es existiert keine zu $\mathbf{D}$ ähnliche Diagonalmatrix.

e) Mit den Ergebnissen von 1.a) folgt

$$\mathbf{M} = \begin{pmatrix} 2 & 1 \\ 3 & 1 \end{pmatrix} \text{ mit } \mathbf{M}^{-1} = \begin{pmatrix} -1 & 1 \\ 3 & -2 \end{pmatrix}, \text{ und damit}$$

$$\mathbf{M}^{-1} \cdot \mathbf{F} \cdot \mathbf{M} = \begin{pmatrix} -2 & 0 \\ 0 & -3 \end{pmatrix} = \mathbf{D}; \text{ das ist die gewünschte Diagonalmatrix.}$$

5. Für die Matrix $\mathbf{A}$ ergeben sich die Eigenwerte $\lambda_1 = -2$ und $\lambda_2 = -3$ und die zugehörigen Eigenräume $V_{\lambda=-2}(\mathbf{A}) = \{\mathbf{x}/\mathbf{x} = t(1;1)^T, t \in I\!R\}$ sowie $V_{\lambda=-3}(\mathbf{A}) = \{\mathbf{x}/\mathbf{x} = s(1;0)^T, s \in I\!R\}$. Somit gilt für

$$\mathbf{M}_1 = \begin{pmatrix} 1 & 1 \\ 1 & 0 \end{pmatrix} \text{ mit } \mathbf{M}_1^{-1} = \begin{pmatrix} 0 & 1 \\ 1 & -1 \end{pmatrix} \Leftrightarrow \mathbf{M}_1^{-1} \cdot \mathbf{A} \cdot \mathbf{M}_1 = \begin{pmatrix} -2 & 0 \\ 0 & -3 \end{pmatrix}.$$

Für die Matrix $\mathbf{B}$ ergeben sich ebenfalls die Eigenwerte $\lambda_1 = -2$ und $\lambda_2 = -3$. Zugehörige Eigenräume: $V_{\lambda=-2}(\mathbf{B}) = \{\mathbf{x}/\mathbf{x} = t(1;0)^T, t \in I\!R\}$ und $V_{\lambda=-3}(\mathbf{B}) = \{\mathbf{x}/\mathbf{x} = s(-2;1)^T, s \in I\!R\}$. Somit gilt für

$$\mathbf{M}_2 = \begin{pmatrix} 1 & -2 \\ 0 & 1 \end{pmatrix} \text{ mit } \mathbf{M}_2^{-1} = \begin{pmatrix} 1 & 2 \\ 0 & 1 \end{pmatrix} \Leftrightarrow \mathbf{M}_2^{-1} \cdot \mathbf{B} \cdot \mathbf{M}_2 = \begin{pmatrix} -2 & 0 \\ 0 & -3 \end{pmatrix} = \mathbf{D},$$

und es ist gezeigt, daß $\mathbf{A}$ und $\mathbf{B}$ jeweils zu $\mathbf{D}$ ähnlich sind.
Es folgt aus $\mathbf{M}_1^{-1} \cdot \mathbf{A} \cdot \mathbf{M}_1 = \mathbf{M}_2^{-1} \cdot \mathbf{B} \cdot \mathbf{M}_2$

$\mathbf{A} = \mathbf{M}_1 \cdot \mathbf{M}_2^{-1} \cdot \mathbf{B} \cdot \mathbf{M}_2 \cdot \mathbf{M}_1^{-1} = (\mathbf{M}_2 \cdot \mathbf{M}_1^{-1})^{-1} \cdot \mathbf{B} \cdot (\mathbf{M}_2 \cdot \mathbf{M}_1^{-1})$, und es ist $\mathbf{M} = \mathbf{M}_2 \cdot \mathbf{M}_1^{-1}$ eine reguläre Matrix, die die Ähnlichkeit von $\mathbf{A}$ und $\mathbf{B}$ direkt begründet:

$$\mathbf{M} = \begin{pmatrix} 1 & -2 \\ 0 & 1 \end{pmatrix} \cdot \begin{pmatrix} 0 & 1 \\ 1 & -1 \end{pmatrix} = \begin{pmatrix} -2 & 3 \\ 1 & -1 \end{pmatrix} \Leftrightarrow \mathbf{M}^{-1} = \begin{pmatrix} 1 & 3 \\ 1 & 2 \end{pmatrix},$$

$$\mathbf{M}^{-1} \cdot \mathbf{B} \cdot \mathbf{M} = \begin{pmatrix} 1 & 3 \\ 1 & 2 \end{pmatrix} \cdot \begin{pmatrix} -2 & 2 \\ 0 & -3 \end{pmatrix} \cdot \begin{pmatrix} -2 & 3 \\ 1 & -1 \end{pmatrix} = \begin{pmatrix} -3 & 1 \\ 0 & -2 \end{pmatrix} = \mathbf{A}.$$

6. Die Eigenwerte von $\mathbf{S}$ sind $\lambda_{1,2} = 25$ und $\lambda_3 = 50$. Eigenräume:
$V_{\lambda=25}(\mathbf{S}) = \{\mathbf{x}/\mathbf{x} = s(-3/4;1;0)^T + t(0;0;1)^T; s,t \in I\!R\}$,
$V_{\lambda=50}(\mathbf{S}) = \{\mathbf{x}/\mathbf{x} = t(4/3;1;0)^T, t \in I\!R\}$. Somit ergibt sich für

$$\mathbf{M} = \begin{pmatrix} -\frac{3}{4} & 0 & \frac{4}{3} \\ 1 & 0 & 1 \\ 0 & 1 & 0 \end{pmatrix} \text{ mit } \mathbf{M}^{-1} = \begin{pmatrix} -\frac{12}{25} & \frac{16}{25} & 0 \\ 0 & 0 & 1 \\ \frac{12}{25} & \frac{9}{25} & 0 \end{pmatrix}$$

$$\mathbf{M}^{-1} \cdot \mathbf{S} \cdot \mathbf{M} = \begin{pmatrix} 25 & 0 & 0 \\ 0 & 25 & 0 \\ 0 & 0 & 50 \end{pmatrix} = \mathbf{D}, \text{ die zu } \mathbf{S} \text{ ähnliche Diagonalmatrix.}$$

5 Analytische Geometrie

5.1 Gerade und Ebene im Raum

Schwerpunkte:

Parameterdarstellung und parameterfreie Darstellung von Geraden und Ebenen; Lagebeziehungen zwischen Geraden, zwischen Ebenen, und zwischen Geraden und Ebenen; Winkel- und Abstandsberechnungen, Parallelität und Orthogonalität zwischen den geometrischen Grundgebilden; Schnittpunkte, Schnittgeraden und Durchstoßpunkte

Grundlage: Geometrisches Modell des $\mathbb{R}^3$ bei gegebenem Kartesischen Koordinatensystem (vgl. Abschnitt 1.1).

Bezeichnungen

Punkte im $\mathbb{R}^3$: $P = (p_1, p_2, p_3) = (p_x, p_y, p_z), X = (x; y; z)$, aber auch $P_i = (x_i; y_i, z_i)$.
Ortsvektoren der Punkte (Repräsentant: Pfeil von $O = (0;0;0)$ zum jeweiligen Punkt):

$$\mathbf{p} = \mathbf{OP} = \begin{pmatrix} p_1 \\ p_2 \\ p_3 \end{pmatrix} = p_1\mathbf{i} + p_2\mathbf{j} + p_3\mathbf{k}; \ \mathbf{x} = \mathbf{OX} = (x; y; z).$$

Vektor $\mathbf{v}$, repräsentiert durch $\mathbf{P_0P_1}$ (Pfeil vom Anfangspunkt P_0 zum Endpunkt P_1):

$$\mathbf{v} = \begin{pmatrix} v_1 \\ v_2 \\ v_3 \end{pmatrix} = \mathbf{P_0P_1} = \mathbf{p_1} - \mathbf{p_0} = \begin{pmatrix} x_1 - x_0 \\ y_1 - y_0 \\ z_1 - z_0 \end{pmatrix}.$$

Gerade g

- Darstellung einer Geraden g, die durch den Punkt $P_0 = (x_0; y_0; z_0)$ geht und in Richtung des Vektors $\mathbf{v} = (v_1; v_2; v_3)^T$ verläuft. Es sind $\mathbf{x} = (x; y; z)^T$ die Ortsvektoren von Punkten X der Geraden g (Abb. 5.1).
  Parameterdarstellung: $\mathbf{x} = \mathbf{p}_0 + t\mathbf{v}, t \in \mathbb{R}$ Parameter,
  parameterfreie Darstellung: $\mathbf{v} \times (\mathbf{x} - \mathbf{p}_0) = \mathbf{0}$

bzw. $\quad \dfrac{x-x_0}{v_1} = \dfrac{y-y_0}{v_2} = \dfrac{z-z_0}{v_3}$.

- Darstellung einer Geraden durch zwei gegebene Punkte $P_0 = (x_0, y_0, z_0)$ und $P_1 = (x_1, y_1, z_1)$, $P_0 \neq P_1$ (Abb. 5.2).
  Parameterdarstellung: $\quad \mathbf{x} = \mathbf{p}_0 + t(\mathbf{p}_1 - \mathbf{p}_0)$; $t \in \mathbb{R}$ Parameter,
  parameterfreie Darstellung: $(\mathbf{p}_1 - \mathbf{p}_0) \times (\mathbf{x} - \mathbf{p}_0) = \mathbf{0}$
  bzw. $\quad \dfrac{x-x_0}{x_1-x_0} = \dfrac{y-y_0}{y_1-y_0} = \dfrac{z-z_0}{z_1-z_0}$.

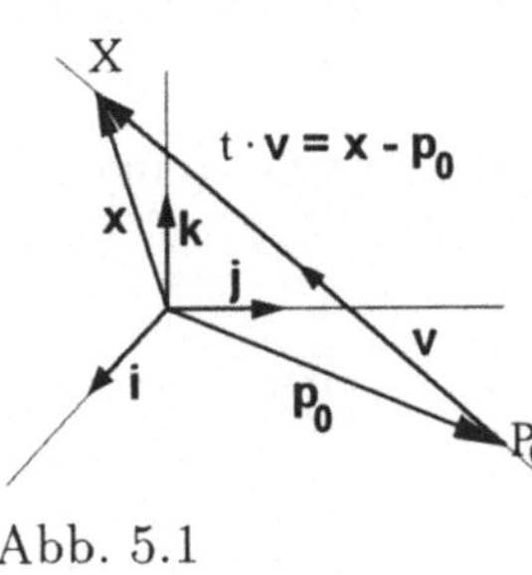

Abb. 5.1

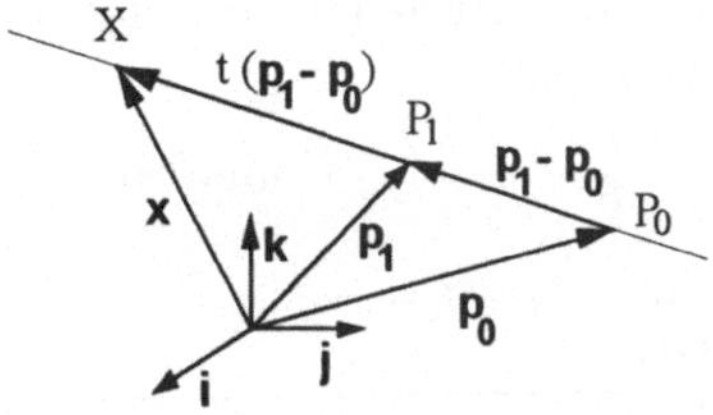

Abb. 5.2

Bemerkung: g bezeichnet (wie auch nachfolgend E) die Punktmenge, die die Gerade bildet (bzw. bei E die Ebene bildet), d.h. $g = \{X / \mathbf{x} = \mathbf{p}_0 + t\mathbf{v}$ und $t \in \mathbb{R}\}$. Es bedeutet $P_0 \in g$ bzw. $Q \notin g$, daß P_0 auf der Geraden liegt und Q nicht.

Ebene E

- Darstellung einer Ebene durch einen gegebenen Punkt P_0 und aufgespannt durch die (nicht-parallelen) Richtungsvektoren $\mathbf{u}$ und $\mathbf{v}$ (Abb. 5.3).
  Parameterdarstellung: $\quad \mathbf{x} = \mathbf{p}_0 + r\mathbf{u} + s\mathbf{v}$; $r, s \in \mathbb{R}$ Parameter,

  parameterfreie Darstellung: $\quad \begin{vmatrix} x-x_0 & y-y_0 & z-z_0 \\ u_1 & u_2 & u_3 \\ v_1 & v_2 & v_3 \end{vmatrix} = 0.$

- Darstellung einer Ebene durch drei gegebene Punkte P_0, P_1, P_2.
  Parameterdarstellung: $\quad \mathbf{x} = \mathbf{p}_0 + r(\mathbf{p}_1 - \mathbf{p}_0) + s(\mathbf{p}_2 - \mathbf{p}_0)$; $r, s \in \mathbb{R}$,

  parameterfreie Darstellung: $\quad \begin{vmatrix} x-x_0 & y-y_0 & z-z_0 \\ x_1-x_0 & y_1-y_0 & z_1-z_0 \\ x_2-x_0 & y_2-y_0 & z_2-z_0 \end{vmatrix} = 0.$

- Parameterfreie Darstellung einer Ebene durch einen gegebenen Punkt P_0 bei einem bekannten Normalenvektor $\mathbf{n}$ der Ebene ($\mathbf{n}$ orthogonal zu E, $\mathbf{n}$ Flächennormale) - Normalengleichung:

$$\mathbf{n} \cdot (\mathbf{x} - \mathbf{p}_0) = 0 \quad \text{bzw.} \quad n_1(x - x_0) + n_2(y - y_0) + n_3(z - z_0) = 0$$
$$\text{bzw.} \quad ax + by + cz + d = 0$$
$$\text{mit} \quad \mathbf{n} = (a, b, c)^T \text{ und } d = -\mathbf{n} \cdot \mathbf{p}_0.$$

Hessesche Normalform (wenn in $\mathbf{n} \cdot (\mathbf{x} - \mathbf{p}_0) = 0$ ein Normaleneinheitsvektor benutzt bzw. erzeugt wird):

$$\frac{\mathbf{n} \cdot (\mathbf{x} - \mathbf{p}_0)}{|\mathbf{n}|} = 0 \quad \text{bzw.} \quad \frac{ax + by + cz + d}{\sqrt{a^2 + b^2 + c^2}} = 0.$$

- Parameterfreie Darstellung einer Ebene bei bekannten Achsenabschnitten (Abb. 5.4):

  $\frac{x}{A} + \frac{y}{B} + \frac{z}{C} = 1$, wobei hinsichtlich der Normalengleichung gilt:

  $A = -\frac{d}{a}, \quad B = -\frac{d}{b}, \quad C = -\frac{d}{c}.$

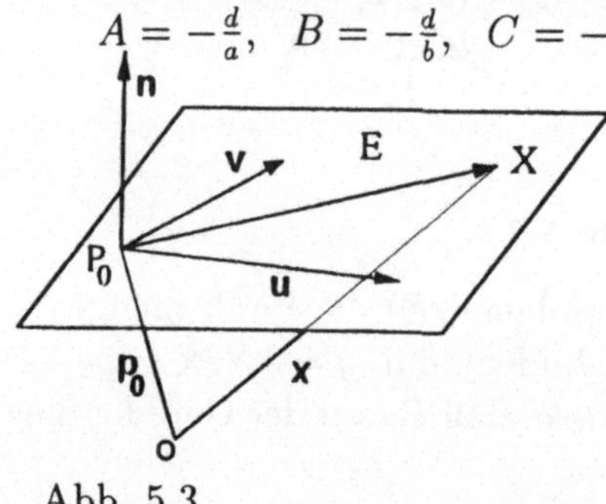

Abb. 5.3

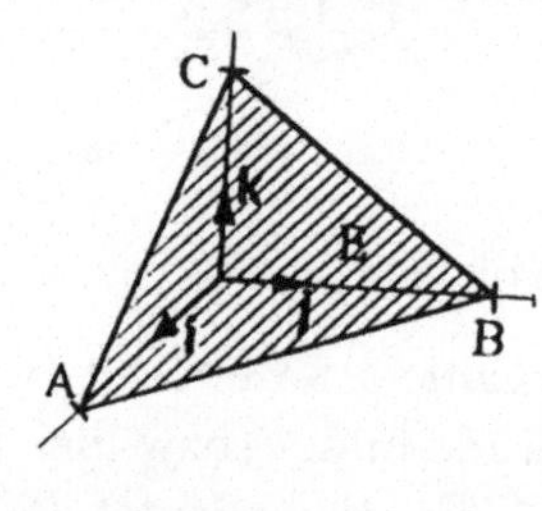

Abb. 5.4

Abstände zwischen den geometrischen Grundgebilden

Abstand ϱ zwischen zwei Punkten P_0 und P_1:

$\varrho = \varrho(P_0; P_1) = |\mathbf{P_0P_1}| = \sqrt{(x_1 - x_0)^2 + (y_1 - y_0)^2 + (z_1 - z_0)^2}.$

Abstand ϱ eines Punktes Q von einer Geraden $g : \mathbf{x} = \mathbf{p}_0 + t \cdot \mathbf{v}$:

$$\varrho = \varrho(Q; g) = \frac{|\mathbf{v} \times (\mathbf{q} - \mathbf{p}_0)|}{|\mathbf{v}|}.$$

Abstand ϱ eines Punktes Q von einer Ebene E (Darstellung von E in Hessescher Normalform):

$$\varrho = \varrho(Q; E) = \frac{|\mathbf{n} \cdot \mathbf{q} + d|}{|\mathbf{n}|} = \frac{|aq_1 + bq_2 + cq_3 + d|}{\sqrt{a^2 + b^2 + c^2}}.$$

Abstand ϱ zweier windschiefer (nicht-paralleler) Geraden g und g^* mit den Gleichungen $g : \mathbf{x} = \mathbf{p}_0 + t\mathbf{v}, \; g^* : \mathbf{x} = \mathbf{p}_0^* + t^*\mathbf{v}^*$:

$$\varrho = \varrho(g; g^*) = \frac{|(\mathbf{p}_0 - \mathbf{p}_0^*) \cdot (\mathbf{v} \times \mathbf{v}^*)|}{|\mathbf{v} \times \mathbf{v}^*|}.$$

Teilpunkt einer Strecke (Abb. 5.5):

Der Punkt $T = (t_1, t_2, t_3)$ teilt die Strecke PQ innen im Verhältnis $|\mathbf{PT}| : |\mathbf{TQ}| = m : n = |\lambda|$, wenn $\lambda > 0$ und

$t_i = \dfrac{p_i + \lambda q_i}{1 + \lambda}$ für $i = 1, 2, 3.$

Bei äußerer Teilung gilt $\lambda < 0$.

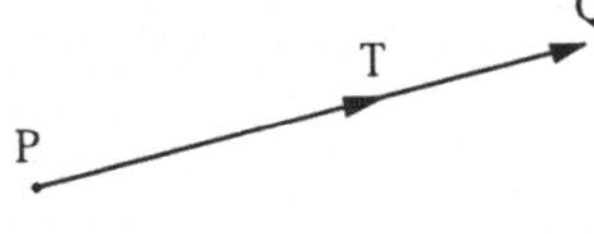

Abb. 5.5

Schnittwinkel

Schnittwinkel φ zwischen zwei sich schneidenden Geraden g und g^* mit
$g : \mathbf{x} = \mathbf{p}_0 + t\mathbf{v}$, $g^* : \mathbf{x} = \mathbf{p}_0^* + t^*\mathbf{v}^*$ (Abb. 5.6):

$$\varphi = \measuredangle(g; g^*) = \measuredangle(\mathbf{v}; \mathbf{v}^*) = \arccos \frac{\mathbf{v} \cdot \mathbf{v}^*}{|\mathbf{v}| \cdot |\mathbf{v}^*|}.$$

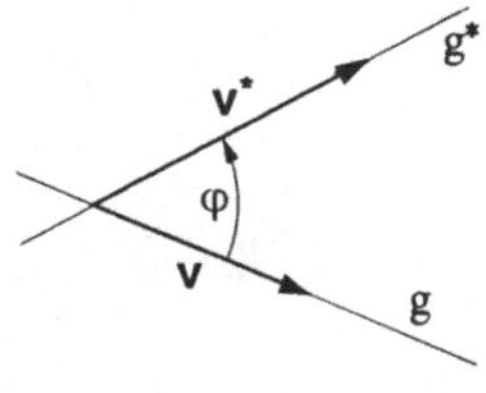

Abb. 5.6

Schnittwinkel φ zwischen einer Geraden g und einer Ebene E mit $g : \mathbf{x} = \mathbf{p}_0 + t\mathbf{v}$.
$E :\ \mathbf{n} \cdot (\mathbf{x} - \mathbf{p}_1) = 0$ (Abb. 5.7):

$$\varphi = \measuredangle(g; E) = 90° - \measuredangle(\mathbf{v}; \mathbf{n}) = \arcsin \frac{\mathbf{v} \cdot \mathbf{n}}{|\mathbf{v}| \cdot |\mathbf{n}|}.$$

Schnittwinkel φ zwischen zwei Ebenen E und E^* mit

$E : \mathbf{n} \cdot (\mathbf{x} - \mathbf{p}_0) = 0, \quad E^* : \mathbf{n}^* \cdot (\mathbf{x} - \mathbf{p}_0^*) = 0$ (Abb. 5.8):

$$\varphi = \measuredangle(E; E^*) = \measuredangle(\mathbf{n}; \mathbf{n}^*) = \arccos \frac{\mathbf{n} \cdot \mathbf{n}^*}{|\mathbf{n}| \cdot |\mathbf{n}^*|}.$$

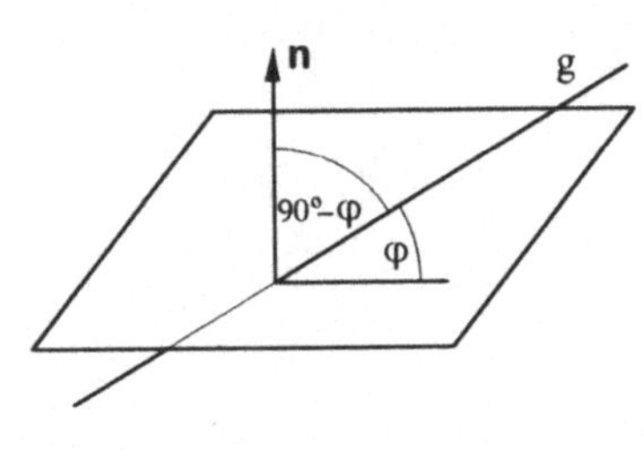

Abb. 5.7

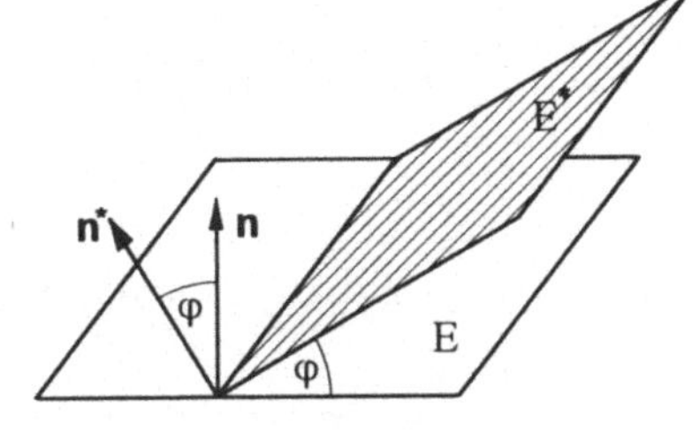

Abb. 5.8

Schnittpunkte

Schnittpunkt S zweier Geraden g und g^* (Abb. 5.9):
Gleichsetzen der Geradengleichungen (vgl. Schnittwinkel) ergibt $\mathbf{p}_0 + t\mathbf{v} = \mathbf{p}_0^* + t^*\mathbf{v}^*$. Falls dieses lineare Gleichungssystem Lösungen t_s bzw. t_s^* besitzt, erhält man den Ortsvektor von S durch $\mathbf{s} = \mathbf{p}_0 + t_s\mathbf{v}$ oder $\mathbf{s} = \mathbf{p}_0^* + t_s^* \cdot \mathbf{v}^*$.

Schnittpunkt (Durchstoßpunkt) S einer Geraden g mit einer Ebene E

$g : \mathbf{x} = \mathbf{p}_0 + t\mathbf{v}$, $E : \mathbf{n} \cdot (\mathbf{x} - \mathbf{p}_1) = 0$ (Abb. 5.10):

Den Ortsvektor von S erhält man durch $\mathbf{s} = \mathbf{p}_0 + \dfrac{\mathbf{n} \cdot (\mathbf{p}_1 - \mathbf{p}_0)}{\mathbf{n} \cdot \mathbf{v}}\mathbf{v}$.

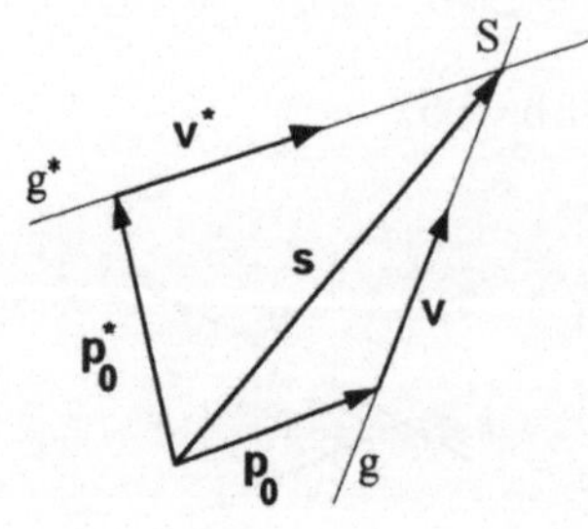

Abb. 5.9

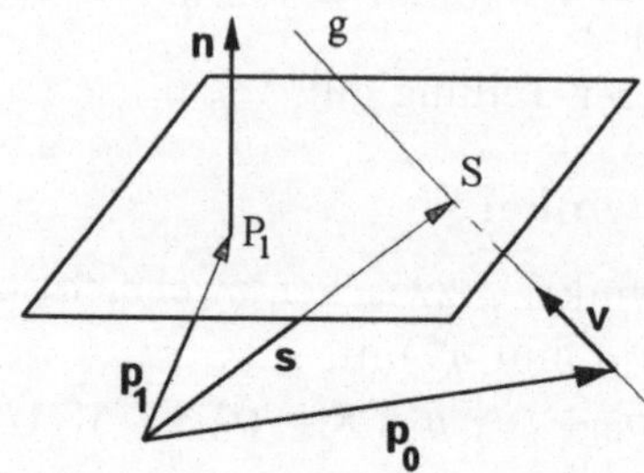

Abb. 5.10

Schnittgerade g zweier Ebenen E und E^*

$E : \mathbf{n} \cdot (\mathbf{x} - \mathbf{p}_0) = 0$, $E^* : \mathbf{n}^* \cdot (\mathbf{x} - \mathbf{p}_0^*) = 0$
$g : \mathbf{x} = \mathbf{q} + t(\mathbf{n} \times \mathbf{n}^*)$, wobei $Q \in E$ und $Q \in E^*$.

Lot von einem Punkt Q auf eine Gerade g

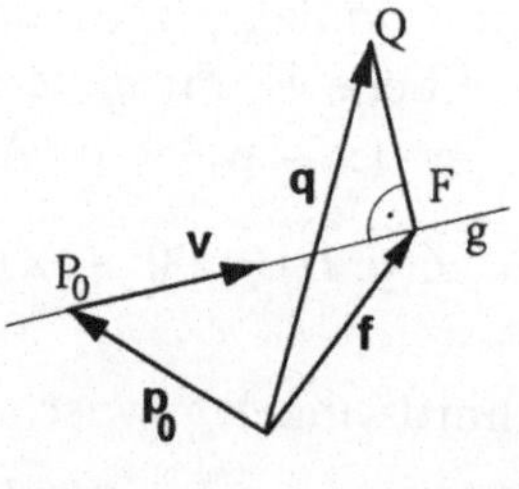

$g : \mathbf{x} = \mathbf{p}_0 + t\mathbf{v}$ (Abb. 5.11):

Berechnung des Fußpunktes F des Lotes

$$\mathbf{f} = \mathbf{p}_0 + \frac{(\mathbf{q} - \mathbf{p}_0) \cdot \mathbf{v}}{\mathbf{v}^2}\mathbf{v}.$$

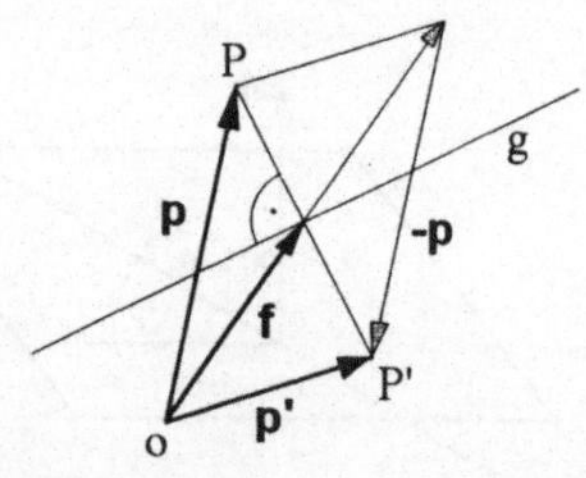

Abb. 5.11

Lot von einem Punkt Q auf eine Ebene E

$E : \mathbf{n} \cdot (\mathbf{x} - \mathbf{p}_0) = 0$:

Berechnung des Fußpunktes F des Lotes

$$\mathbf{f} = \mathbf{q} + \frac{\mathbf{n} \cdot \mathbf{p}_0 - \mathbf{n} \cdot \mathbf{q}}{\mathbf{n}^2}\mathbf{n}.$$

Abb. 5.12

Spiegelpunkt P' eines Punktes P an einer Geraden g

Ist $\mathbf{f}$ der Ortsvektor des Lotfußpunktes von P auf g, so erhält man den Spiegelpunkt P' durch

$\mathbf{p}' = 2\mathbf{f} - \mathbf{p}$ (Abb. 5.12.).

Fragen zu 5.1

1. Durch welche Vorgaben ist eine Gerade im $\mathbb{R}^2$ bzw. $\mathbb{R}^3$ eindeutig festgelegt?

2. Wie wirkt sich in der Geradengleichung $\mathbf{x} = \mathbf{p}_0 + t\mathbf{v}$ die Ersetzung von
   a) $\mathbf{p}_0$ durch $\mathbf{p}_1$, wobei $P_1 \in g$ und $P_1 \neq P_0$,
   b) $\mathbf{p}_0$ durch $\mathbf{p}_1$, wobei $P_1 \notin g$,
   c) $\mathbf{v}$ durch $k\mathbf{v}$ mit $k < 0$
   auf die Lage der Geraden aus?

3. Wie begründet man die parameterfreien Darstellungen einer durch P_0 in Richtung $\mathbf{v}$ verlaufenden Geraden?

4. Wie ermittelt man den Mittelpunkt einer Strecke **PQ** ?

5. Wie überprüft man die Lagebeziehungen zwischen zwei Geraden? (Es sind alle möglichen Fälle zu betrachten.)

6. Wie begründet man die Formeln für den Abstand windschiefer Geraden?

7. Durch welche Vorgaben ist eine Ebene im $\mathbb{R}^3$ eindeutig bestimmt? (Nennen Sie mehrere Fälle.)

8. Was kann man aus der Ebenengleichung $ax+by+cz+d=0$ über die Lage der Ebene im dreidimensionalen kartesischen Koordinatensystem ablesen?

9. Durch welche Überlegung läßt sich eine Ebenengleichung $\mathbf{x} = \mathbf{p}_0 + s\mathbf{u} + t\mathbf{v}$ in die parameterfreie Form überführen?

10. Wie kann man den Abstand eines Punktes Q von einer Ebene berechnen?

11. Wie kann man feststellen, ob 2 Ebenen parallel sind bzw. zusammenfallen?

12. Zwei Ebenen sind in der Form $a_i x + b_i y + c_i z + d_i = 0$ für $i = 1,2$ gegeben. Wie kann man feststellen, ob sie eine Schnittgerade besitzen, und wie kann man diese gegebenenfalls berechnen?

13. Wie kann man feststellen, ob eine Gerade zu einer Ebene parallel verläuft?

14. Wie berechnet man den Schnittpunkt (Durchstoßpunkt) einer Geraden mit einer Ebene?

15. Durch welche Überlegung kann man die Berechnung des Abstands eines Punktes Q von einer Geraden auf ein Schnittproblem zwischen Gerade und Ebene zurückführen?

Aufgaben zu 5.1

1. Welche der folgenden Punkte liegen auf der Geraden g?

$$g_i : \mathbf{x} = \begin{pmatrix} -1 \\ 0 \\ 4 \end{pmatrix} + t \begin{pmatrix} 3 \\ -1 \\ 0 \end{pmatrix},$$

$P_1 = (5; -2; 4)$, $P_2 = (-7; 2; -4)$, $P_3 = (5; -2; 0)$, $P_4 = (0; -\frac{1}{3}; 4)$.
Für welche Zahlen x_5 und z_5 liegt $P_5 = (x_5; 2,5; z_5)$ auf g?

2. Geben Sie die Parameterdarstellung von Geraden an, die durch den Punkt $P = (3; 5; 2)$ gehen und
a) parallel zur z-Achse verlaufen,
b) durch den Ursprung gehen,
c) orthogonal zur y, z-Ebene verlaufen,
d) parallel zur x, y-Ebene verlaufen!

3. Berechnen Sie für das Dreieck ABC den Schnittpunkt der Seitenhalbierenden und seinen Abstand vom Nullpunkt!
$A = (6; 0; 0)$, $B = (0; 4; 0)$, $C = (0; 0; 8)$.

4. Berechnen Sie für das Dreieck ABC (Aufgabe 3) die Parameterdarstellung der durch den Eckpunkt C gehenden Höhengeraden (orthogonal zu $\mathbf{AB}$)! Ermitteln Sie den zugehörigen Höhenfußpunkt auf der Strecke AB! In welchem Verhältnis teilt dieser Punkt die Strecke AB?

5. Geben Sie eine parameterfreie Darstellung der Geraden g_1 und eine Parameterdarstellung der Geraden g_2 an!
g_1 geht durch $P_1 = (-1; 4; 5)$ und $P_2 = (1; 4; 6)$
$g_2 : \frac{x-3}{2} = y = \frac{z+2}{3}$.
Untersuchen Sie die Lagebeziehung beider Geraden!

6. Ermitteln Sie von der Geraden g, die durch die Punkte $A = (1; 3; 5)$ und $B = (-2; 6; 8)$ geht, eine Parameterdarstellung und eine parameterfreie Darstellung! Berechnen Sie den Durchstoßpunkt der Geraden durch die x, y-Ebene sowie eine Parameterdarstellung der Projektion von g in die x, y-Ebene!

7. Bestimmen Sie den Abstand des Punktes $Q = (4;3;4)$ von der Geraden $\mathbf{x} = (-4;9;-1)^T + t(3;-4;2)$!

8. Untersuchen Sie die Lagebeziehungen folgender Paare von Geraden! Berechnen Sie ggf. Schnittpunkt und Schnittwinkel oder den (kürzesten) Abstand!
   a) $g_1 : \mathbf{x} = (-1;5;0)^T + t(-1;2;-1)^T$
   $g_2 : \mathbf{x} = (0;3;1)^T + s(8;1;4)^T$,
   b) $g_1 : \mathbf{x} = (-1;5;0)^T + t(-1;2;-1)^T$
   $g_2 : \mathbf{x} = (2;-1;3)^T + s(4;-8;4)^T$,
   c) $g_1 : \mathbf{x} = (3;-3;4)^T + t(1;-2;1)^T$
   $g_2 : \mathbf{x} = (4;3,5;3)^T + s(-4;8;-4)^T$,
   d) $g_1 : \mathbf{x} = (0;3;1)^T + t(8;1;4)^T$
   $g_2 : \mathbf{x} = (-4;0;3)^T + s(0;2;-1)^T$.

9. Für welche Werte y_3, z_3 liegen die 3 Punkte $P_1 = (2;3;0), P_2 = (4;1;3)$ und $P_3 = (0;y_3;z_3)$ auf einer Geraden?

10. Geben Sie eine Parameterdarstellung und eine parameterfreie Darstellung (Normalengleichung) der Ebene E an!
    a) E enthält die Punkte $P_1 = (1;0;1), P_2 = (1;4;0), P_3 = (-2;1;-1)$,
    b) E enthält $P = (2;-2;1)$ und ist orthogonal zur Geraden
    $g : \mathbf{x} = (-1;4;1)^T + t(3;-5;4)^T$,
    c) E enthält $A = (4;-6;-2)$ und ist parallel zu $E_1 : 3x - y + 2z - 1 = 0$,
    d) E enthält $P_1 = (1;2;3)$ und $P_2 = (2;3;1)$, und E ist orthogonal zu
    $E_1 : x - 4y - z + 1 = 0$.

11. Gegeben sei die Ebene E durch die Punkte $A = (1;1;0)$, $B = (0;1;1)$ und $C = (1;0;1)$. Berechnen Sie den Fußpunkt des vom Punkt $P = (2;-1;4)$ auf die Ebene E gefällten Lotes sowie den Abstand des Punktes P von der Ebene E! In welchem Punkt und unter welchem Winkel durchstößt die Gerade $g : \mathbf{x} = (2;-2;-4)^T + t(1,5;-2,5;4)^T$ die Ebene E?

12. Berechnen Sie den Schnittwinkel der beiden Ebenen!
    E_1 geht durch $P_1 = (-1;4;-1)$, $P_2 = (0;-6;2)$, $P_3 = (3;0;-1)$
    $E_2 :\ 5x - 12y + z + 23 = 0$.

13. Für welche $a, b \in \mathbb{R}$ sind die Ebenen
    $E_1 :\ 6x - 3z + 1 = 0$
    $E_2 :\ ax + by + z - 3 = 0$
    a) parallel?
    b) orthogonal?
    Berechnen Sie für b) die Gleichung der Schnittgeraden!

14. Ermitteln Sie einen Richtungsvektor der Schnittgeraden der Ebenen

$$E_1 : \mathbf{x} = \begin{pmatrix} -3 \\ 0 \\ -3 \end{pmatrix} + s \begin{pmatrix} 1 \\ -0,5 \\ 5 \end{pmatrix} + t \begin{pmatrix} 3 \\ -1,5 \\ 4 \end{pmatrix} \quad \text{und} \quad E_2 : \; -y - \tfrac{1}{3}z = 0!$$

Begründen Sie, warum die Schnittgerade parallel zur Ebene E_3 verläuft, wenn $E_3 : \mathbf{x} = \mu(1;1;3)^T + \lambda(3;-4;2)^T$!

15. Beschreiben Sie die gegenseitigen Lagebeziehungen der folgenden drei Ebenen, indem Sie diese insgesamt und paarweise auf Schnittpunkte, Parallelität und Orthogonalität untersuchen!
$E_1 : \quad x + 2y + z = 0$
$E_2 : \quad -x + y - z - 5 = 0$
$E_3 : \quad 4x - 4y + 4z - 1 = 0.$

16. Ermitteln Sie die Gleichung des Lotes von $P_0 = (2;3;1)$ auf die Ebene $E : x + 2y - z - 1 = 0$ sowie den Fußpunkt F dieses Lotes! Geben Sie die Gleichung einer Geraden an, die durch F geht und in E verläuft! Berechnen Sie den Spiegelpunkt P_0' von P_0 bezüglich der zuvor ermittelten Geraden!

17. Gegeben sind die beiden Ebenen $E_1 : -6x + 4y - 10z = -20$ und $E_2 : \; \mathbf{x} = (1;1;-1)^T + s(1;-1;1)^T + t(1;4;1)^T$.
a) Überprüfen Sie, ob die beiden Ebenen parallel sind! Wenn nicht, dann berechnen Sie den Schnittwinkel der Ebenen!
b) Welcher der Punkte $P_1 = (0;0;-2)$ oder $P_2 = (-2;0;0)$ liegt in der Ebene E_2?
c) Geben Sie die Gleichung der Geraden g an, die in dem unter b) ermittelten Punkt senkrecht auf E_2 steht!
d) In welchem Punkt durchstößt die unter c) ermittelte Gerade die Ebene E_1?

18. Gegeben sind die Gleichungen dreier Ebenen:
$E_1 : \quad x + 3y - z + 1 = 0$
$E_2 : \quad -2x + \lambda y + 4z - \mu - 1 = 0$
$E_3 : \quad -3x - 4y + 2z - 3 = 0$
Für welche $\mu, \lambda \in \mathbb{R}$ schneiden sich die drei Ebenen in genau einem Punkt bzw. in einer Schnittgeraden?
Für welche $\mu, \lambda \in \mathbb{R}$ gibt es kein gemeinsames Schnittgebilde dieser drei Ebenen? Charakterisieren Sie für diesen Fall die Lagebeziehungen zwischen den drei Ebenen!

19. Gegeben sind die Gleichungen von drei Ebenen:
$E_1: \quad x - \frac{1}{4}y - 2z + 1 = 0$
$E_2: \quad 4x + \lambda y - 6z - \mu = 0$
$E_3: \quad 2x - \frac{5}{2}y - 5z - \lambda = 0.$
a) Für $\lambda = 4$ und $\mu = -14$ schneiden sich die Ebenen in genau einem Punkt. Berechnen Sie diesen Schnittpunkt!
b) Für welche $\lambda, \mu \in \mathbb{R}$ gibt es keinen gemeinsamen Punkt der drei Ebenen? Für welche λ, μ schneiden sich die drei Ebenen in einer Schnittgeraden?
c) Berechnen Sie mit den unter b) gefundenen Werten für λ und μ die Gleichung der Schnittgeraden!

20. Gegeben sind die Punkte $A = (-1; -5; 0)$, $B = (4; 2; -3)$ und $C = (1; -4; -3)$. Geben Sie eine Parameterdarstellung und eine parameterfreie Darstellung der Ebene E durch diese drei Punkte an! Welchen Abstand hat der Koordinatenursprung von dieser Ebene? Ermitteln Sie die Parameterdarstellung des Lotes vom Koordinatenursprung auf die Ebene E!

21. Gegeben sind die Ebenen $E_1 : \mathbf{x} = (0; 1; 4)^T + s(1; 4; 2)^T + t(1; -2; -2)^T$ und $E_2 : x + y + z - 1 = 0$.
Berechnen Sie den Normaleneinheitsvektor von E_1 und geben Sie die Hessesche Normalform von E_1 an! Welchen Abstand hat der Punkt $Q = (-2; -2; 3)$ von der Ebene E_1? In welchem Punkt durchstößt die Gerade, die durch die Punkte $A = (4; 2; 0)$ und $B = (2; 1; 1)$ bestimmt ist, die Ebene E_1?
Berechnen Sie den Schnittwinkel beider Ebenen!

22. Berechnen Sie die Koordinaten des Spiegelpunktes P_0' von Punkt P_0, wenn P_0 an der Ebene E gespiegelt wird!
a) $P_0 = (2; 3; 1), E : x + 2y - z = 1,$
b) $P_0 = (3; 6; -6), E : \mathbf{x} = (1; 0; -2)^T + r(1; 0; 1)^T + s(0; 1; 1)^T.$

23. Gegeben sind die Gerade g_1 durch die Punkte $A = (0; 0; 2)$ und $B = (1; 0; 10)$ und die Gerade g_2 durch den Punkt $C = (3; 2; 7)$ in Richtung $\mathbf{a} = (0; 1; 4)^T$.
a) Bestimmen Sie die Gleichung der Ebene E_1, die die Gerade g_1 enthält und zur Geraden g_2 parallel liegt!
b) Welchen Abstand hat die Gerade g_2 von der Ebene E_1?
c) Unter welchem Winkel schneidet die Ebene E_1 die Ebene E_2,
$E_2 : 4x - 4y - 2z - 11 = 0$?
d) In welchem Punkt D durchstößt die Gerade g_2 die Ebene E_2 ?
e) Welchen Abstand hat D von E_1?

24. Im Medium M_1 verläuft ein Lichtstrahl in Richtung $\mathbf{a} = -\mathbf{k}$ durch den Punkt $P_1 = (1;2;4)$ und wird an der Ebene $E: x + y - z = 2$ gebrochen, so daß er im Medium M_2 durch den Punkt $P_2 = (2;3;-3)$ geht.
a) Bestimmen Sie die Koordinaten des Punktes A, in dem der Lichtstrahl die Ebene E durchdringt!
b) Geben Sie die Gleichung des Lichtstrahls im Medium M_2 an!
c) Geben Sie das Brechungsverhältnis $\sin\alpha_1 : \sin\alpha_2$ an! (α_1 und α_2 sind die Winkel, die der Lichtstrahl in den Medien M_1 bzw. M_2 mit der Ebenennormalen bildet.)

5.2 Verschiebung und Drehung von Koordinatensystemen

Schwerpunkte:

Verschiebung ebener und räumlicher kartesischer Koordinatensysteme, Drehung ebener kartesischer Koordinatensysteme, Darstellung von Geraden und Ebenen bei Verschiebungen und Drehungen

Parallelverschiebung

In der *Ebene* werde das kartesische Koordinatensystem $S = \{O, \mathbf{i}, \mathbf{j}\}$ durch den Vektor $\mathbf{v} = (v_1, v_2)^T$ in das System $\overline{S} = \{\overline{O}, \mathbf{i}, \mathbf{j}\}$ transformiert (Abb. 5.13).

Eigenschaften:
$\overline{\mathbf{0}} = \mathbf{0} + \mathbf{v}$
Die Koordinatenachsen sind parallel und gleichgerichtet.
Die Punkte der Ebene bleiben fest; für ihre Koordinaten gilt:

Koordinaten des Punktes P im System S: (x, y), Ortsvektor: $\mathbf{p} = (x, y)^T$.
Koordinaten des Punktes P im System $\overline{S}$: $(\overline{x}, \overline{y})$, Ortsvektor $\overline{\mathbf{p}} = (\overline{x}, \overline{y})^T$.

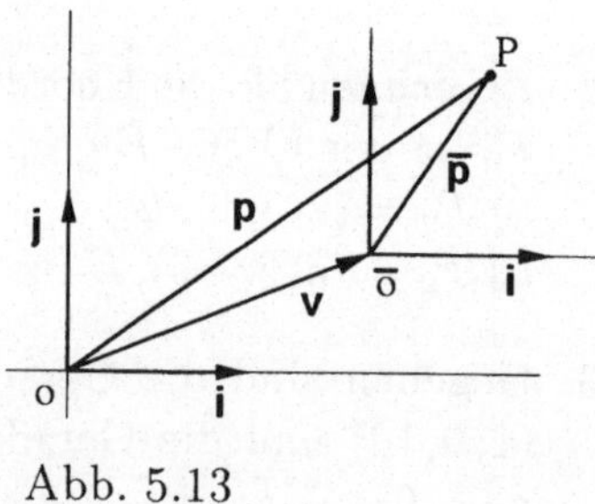

Abb. 5.13

Transformationsgleichung: $\overline{\mathbf{p}} = \mathbf{p} - \mathbf{v}$, d.h.

$$\begin{pmatrix}\overline{x}\\ \overline{y}\end{pmatrix} = \begin{pmatrix}1 & 0\\ 0 & 1\end{pmatrix} \cdot \begin{pmatrix}x\\ y\end{pmatrix} - \begin{pmatrix}v_1\\ v_2\end{pmatrix} \quad \text{bzw.} \quad \begin{aligned}\overline{x} &= x - v_1\\ \overline{y} &= y - v_2\,.\end{aligned}$$

Analog gilt für den *Raum*:
$S = \{O, \mathbf{i}, \mathbf{j}, \mathbf{k}\} \to \overline{S} = \{\overline{O}, \mathbf{i}, \mathbf{j}, \mathbf{k}\}$; $\mathbf{v} = (v_1, v_2, v_3)^T$ mit $\overline{\mathbf{O}} = \mathbf{O} + \mathbf{v}$.

Transformationsgleichung: $\overline{\mathbf{p}} = \mathbf{p} - \mathbf{v}$, d.h.

$$\begin{pmatrix}\overline{x}\\ \overline{y}\\ \overline{z}\end{pmatrix} = \begin{pmatrix}1&0&0\\0&1&0\\0&0&1\end{pmatrix}\cdot\begin{pmatrix}x\\y\\z\end{pmatrix} - \begin{pmatrix}v_1\\v_2\\v_3\end{pmatrix} \quad \text{bzw.} \quad \begin{array}{rcl}\overline{x} &=& x - v_1\\ \overline{y} &=& y - v_2\\ \overline{z} &=& z - v_3\,.\end{array}$$

Drehung

In der Ebene werde das kartesische Koordinatensystem $S = \{O, \mathbf{i}, \mathbf{j}\}$ durch eine Drehung um den Winkel φ um den Koordinatenursprung O in das System $S^* = \{O, \mathbf{i}^*, \mathbf{j}^*\}$ transformiert (Abb. 5.14).

$S = \{O, \mathbf{i}, \mathbf{j}\} \overset{(O,\varphi)}{\longrightarrow} S^*\{O, \mathbf{i}^*, \mathbf{j}^*\}$

O Drehzentrum, φ Drehwinkel.

Die Punkte der Ebene bleiben fest.

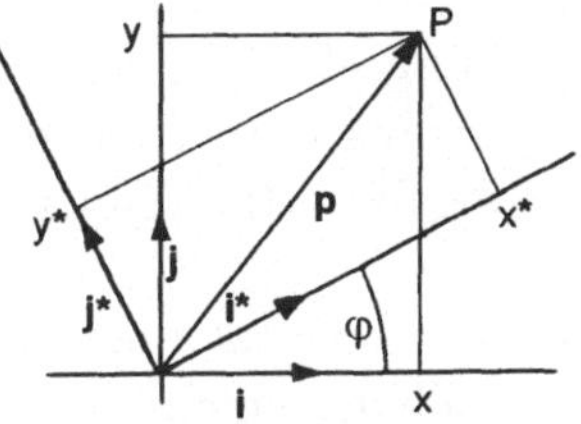

Abb. 5.14

Koordinaten von P im System S : (x, y), Ortsvektor $\mathbf{p} = (x, y)^T$.
Koordinaten von P im System S^*: (x^*, y^*), Ortsvektor $\mathbf{p}^* = (x^*, y^*)^T$.

Transformationsgleichung: $\mathbf{p}^* = \mathbf{D} \cdot \mathbf{p}$ bzw. $\mathbf{p} = \mathbf{D}^T \cdot \mathbf{p}^*$, dabei ist

$$\mathbf{D} = \begin{pmatrix}\cos\varphi & \sin\varphi\\ -\sin\varphi & \cos\varphi\end{pmatrix} \text{ die Drehmatrix, d.h. } \begin{array}{rcl}x^* &=& x\cos\varphi + y\sin\varphi\\ y^* &=& -x\sin\varphi + y\cos\varphi\,.\end{array}$$

Die Drehung erfolgt im mathematisch positiven Drehsinn, wenn $\varphi > 0$ ist, und im mathematisch negativen Drehsinn für $\varphi < 0$.

Fragen zu 5.2

16. Wie lautet die Transformationsgleichung, wenn der Koordinatenursprung eines ebenen kartesischen Koordinatensystems um 3 Einheiten in positiver x-Richtung und um 2 Einheiten in negativer y-Richtung verschoben wird?

17. Durch welche Drehmatrix werden die Koordinatenachsen eines ebenen kartesischen Koordinatensystems um
a) 30° im mathematisch positiven Sinn gedreht,
b) 45° im mathematisch negativen Sinn (Uhrzeigersinn) gedreht?

18. Welche besonderen Eigenschaften hat die Drehmatrix

$$\mathbf{D} = \begin{pmatrix}\cos\varphi & \sin\varphi\\ -\sin\varphi & \cos\varphi\end{pmatrix} \text{ hinsichtlich der Inversenbildung?}$$

19. Welcher Zusammenhang besteht zwischen einer Verschiebung aller Punkte einer (Koordinaten-)Ebene durch einen Vektor $\mathbf{v} = (v_1, v_2)^T$ einerseits und der Verschiebung des Koordinatensystems durch den gleichen Vektor $\mathbf{v}$ andererseits, wobei alle Punkte festbleiben?

20. Wie lautet der entsprechende Zusammenhang der Frage 19 für eine Drehung aller Punkte der Ebene um den Winkel φ um den Koordinatenursprung O und wie der Zusammenhang bei einer entsprechenden Drehung des Koordinatensystems?

21. Wie benutzt man den in Frage 19 genannten Zusammenhang bei der Parallelverschiebung von Kurven in einem festbleibenden, ebenen kartesischen Koordinatensystem?

22. Wie lauten die Gleichungen der angegebenen Kurven, wenn sie entsprechend dem jeweiligen Vektor $\mathbf{v}$ in einem festbleibenden, ebenen kartesischen Koordinatensystem verschoben werden?
    a) $y = x^2$, $\mathbf{v} = (2; 6)^T$;
    b) $y = x^2 + 4$, $\mathbf{v} = (5; -4)^T$;
    c) $y = (x-3)^2 + 1$, $\mathbf{v} = (-3; -1)^T$;
    d) $y = x$, $\mathbf{v} = (-1; 3)^T$;
    e) $x^2 + y^2 = 25$, $\mathbf{v} = (5; -5)^T$;
    f) $y = \sin x$, $\mathbf{v} = (-\frac{3}{2}\pi; 0)^T$.

23. Welche Transformationsgleichung gilt für den Fall, daß ein ebenes kartesisches Koordinatensystem S in ein System S^* überführt wird, indem man das System S zuerst an der y-Achse und anschließend an der x-Achse spiegelt?

24. Wie kann man eine Parallelverschiebung eines räumlichen kartesischen Koordinatensystems um den Vektor $\mathbf{v} = (v_1, v_2, v_3)^T$ in einfachster Weise in drei nacheinander auszuführende Parallelverschiebungen zerlegen?

Aufgaben zu 5.2

25. Ein Punkt hat im kartesischen Koordinatensystem $\{O; \mathbf{i}, \mathbf{j}, \mathbf{k}\}$ die Koordinaten $(2; 3; -2)$ und im Koordinatensystem $\{\overline{O}, \mathbf{i}, \mathbf{j}, \mathbf{k}\}$, das durch Parallelverschiebung aus dem ursprünglichen hervorgeht, die Koordinaten $(4; 2; -5)$. Wie lauten der Verschiebungsvektor und die Transformationsgleichungen?

26. Im kartesischen Koordinatensystem wird ein Dreieck durch die Punkte $A = (2;1;3); B = (4;3;5)$ und $C = (-2;3;4)$ dargestellt. Wie lauten der Verschiebungsvektor und die Transformationsgleichungen, wenn der Koordinatenursprung O durch Parallelverschiebung in den Punkt A übergeht? Welche Koordinaten haben B und C im neuen System?

27. Der Koordinatenursprung eines kartesischen Koordinatensystems wird durch den Vektor $\mathbf{v} = (2;-1;4)^T$ parallel verschoben. Wie stellt sich
 a) die Gerade $\mathbf{x} = (3;2;5)^T + t(4;1;3)^T$,
 b) die Ebene $4x + 3y - 2z + 6 = 0$,
 c) die Ebene $\mathbf{x} = (4;-1;3)^T + r(3;0;5)^T + s(-2;1;2)^T$
 im neuen System dar?

28. Ein ebenes kartesisches Koordinatensystem $\{O;\mathbf{i},\mathbf{j}\}$ wird um den Koordinatenursprung um den Winkel φ gedreht.
 Welche Koordinaten hat der Punkt P_0 im gedrehten System $\{O;\mathbf{i}^*,\mathbf{j}^*\}$?
 a) $\varphi = 30°$, $P_0 = (3;-1)$;
 b) $\varphi = -45°$, $P_0 = (2;4)$.

29. Um welchen Winkel muß man ein ebenes rechtwinkliges kartesisches Koordinatensystem drehen, damit die x^*-Achse durch den Punkt $P(2;4)$ geht? Welche Koordinaten hat dann P im gedrehten System?

30. Eine Gerade wird im kartesischen Koordinatensystem $\{O;\mathbf{i},\mathbf{j}\}$ durch die Gleichung $y = 2x - 3\sqrt{2}$ dargestellt. Wie lautet die Gleichung der Geraden im Koordinatensystem, welches um $\varphi = 45°$ um den Koordinatenursprung gedreht wurde?

31. Gegeben ist die Gleichung einer Geraden $y = \sqrt{3}x + 6$.
 Wie lautet die Gleichung dieser Geraden bezüglich eines kartesischen Koordinatensystems, welches durch Drehung
 a) um $\varphi = 60°$,
 b) um $\varphi = -30°$
 aus dem ursprünglichen Koordinatensystem hervorgeht?

32. Welche Koordinaten hat der Punkt $P = (5;-3)$ im Koordinatensystem $\{\overline{O},\mathbf{i}^*,\mathbf{j}^*\}$, dessen Koordinatenursprung im Punkt $\overline{O} = (3;-2)$ liegt und dessen Achsen gegenüber dem Ausgangssystem um $\varphi = 45°$ gedreht sind?

33. Wie lautet die Gleichung der Geraden $y = \sqrt{3}x - 5$ im kartesischen Koordinatensystem, dessen Ursprung $\overline{O}$ aus $O = (0;0)$ durch eine Verschiebung um $2\sqrt{3}$ Einheiten in positiver x-Richtung und um eine Einheit in negativer y-Richtung entsteht, und dessen Achsen gegenüber dem ursprünglichen kartesischen Koordinatensystem um $\varphi = 30°$ gedreht wurden?

34. Geben Sie für ein ebenes kartesisches Koordinatensystem eine Koordinatentransformation an, so daß die y^*-Achse mit der Geraden $y = -x + 2$ zusammenfällt und der Koordinatenursprung des neuen Systems auf der x-Achse liegt!

5.3 Kurven 2. Ordnung - Kegelschnitte

Schwerpunkte:

Mittelpunktsgleichung von Kreis, Ellipse und Hyperbel, Scheitelgleichung der Parabel, Tangenten-, Polaren- und Normalengleichungen, allgemeine Gleichung und Klassifikation der Kurven 2. Ordnung, Hauptachsentransformation

Vorbemerkungen:

1. In diesem Abschnitt beschränken wir uns auf die analytische Darstellung von Kegelschnitten in kartesischen Koordinaten und die Rückführung der allgemeinen Form durch Drehung und Verschiebung auf die Normalform. Konstruktionsmöglichkeiten und elementargeometrische Eigenschaften der einzelnen Kegelschnitte sowie gemeinsame Eigenschaften und Gesichtspunkte der Erzeugung aller Kegelschnitte einschließlich der Entartungen werden nicht behandelt.

2. In jedem Punkt $P_0 = (x_0, y_0)$ eines Kegelschnitts existieren Tangente und Normale (Abb. 5.15). Zu jedem Punkt $P_0 = (x_0, y_0)$, der nicht auf dem Kegelschnitt liegt, existiert eine Polare, P_0 ist der zugehörige Pol. Werden von P_0 zwei Tangenten an den Kegelschnitt gelegt, so ist die Polare von P_0 die Verbindungsgerade durch die Berührungspunkte der Tangenten (Abb. 5.16).
   Anderenfalls liegen die Schnittpunkte der jeweils zwei Tangenten, die in den Endpunkten einer beliebigen Sehne durch P_0 angelegt werden, auf einer Geraden, der Polaren von P_0.

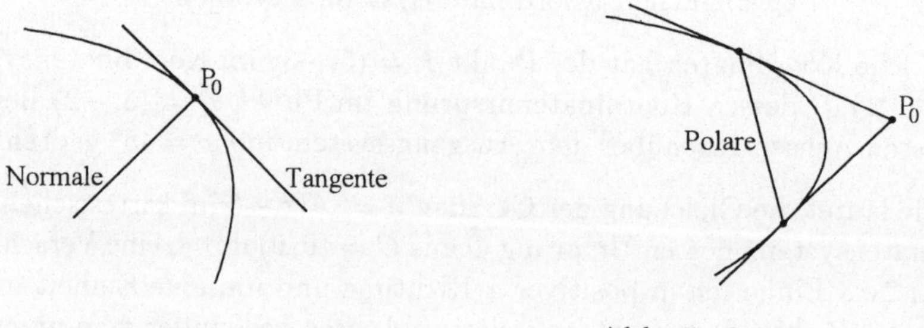

Abb 5.15 Abb. 5.16

Bezeichnungen

$M = (m_1, m_2)$	Mittelpunkt von Kreis, Ellipse, Hyperbel
R	Kreisradius
a, b	Haupt- und Nebenachse von Ellipse und Hyperbel
$S = (s_1, s_2)$	Scheitelpunkt der Parabel
p	Halbparameter der Parabel
$P_0 = (x_0, y_0)$	bei der Tangente und Normalen ein Punkt, der auf dem Kegelschnitt liegt; bei der Polaren ein Punkt, der nicht auf dem Kegelschnitt liegt.
F, F_1, F_2	Brennpunkte

Kreis

Mittelpunktsgleichung, $M = (0;0)$: $\quad x^2 + y^2 = R^2$

Tangente in/Polare von $P_0 = (x_0; y_0)$: $\quad x_0x + y_0y = R^2$

Normale in P_0 : $\quad y - y_0 = \frac{y_0}{x_0}(x - x_0)$

Ellipse (Abb. 5.17)

Mittelpunktsgleichung, $M = (0;0)$: $\quad \frac{x^2}{a^2} + \frac{y^2}{b^2} = 1$

Tangente in/Polare von $P_0 = (x_0; y_0)$: $\quad \frac{x_0x}{a^2} + \frac{y_0y}{b^2} = 1$

Normale in P_0 : $\quad y - y_0 = \frac{a^2y_0}{b^2x_0}(x - x_0)$

Hyperbel (Abb. 5.18)

Mittelpunktsgleichung, $M = (0;0)$: $\quad \frac{x^2}{a^2} - \frac{y^2}{b^2} = 1$

Tangente in/Polare von $P_0 = (x_0; y_0)$: $\quad \frac{x_0x}{a^2} - \frac{y_0y}{b^2} = 1$

Normale in P_0 : $\quad y - y_0 = -\frac{a^2y_0}{b^2x_0}(x - x_0)$

Asymptoten : $\quad y = \pm\frac{b}{a}x$

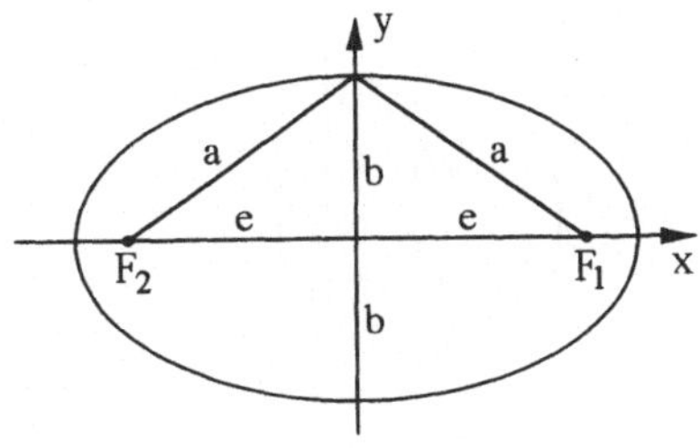

Abb. 5.17

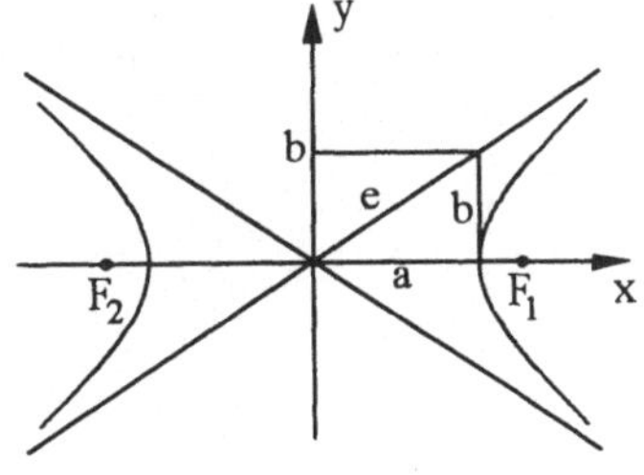

Abb. 5.18

Parabel (Abb. 5.19)

Scheitelgleichung: $S = (0;0)$	Parabelachse	Öffnung nach
$y^2 = 2px$	positive x-Achse	rechts
$y^2 = -2px$	negative x-Achse	links
$x^2 = 2py$	positive y-Achse	oben
$x^2 = -2px$	negative y-Achse	unten

Tangente in/Polare von $P_0 = (x_0, y_0)$:
$y_0 y = p(x + x_0)$
Normale in P_0:
$y - y_0 = -\frac{y_0}{p}(x - x_0)$

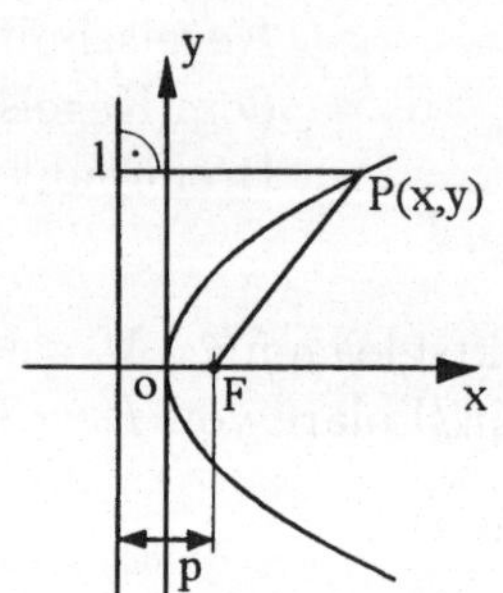

Abb. 5.19

Allgemeine achsenparallele Lage: $M = (m_1, m_2)$ bzw. $S = (s_1, s_2)$
Der Parallelverschiebung des Koordinatensystems mit $\mathbf{m} = (m_1; m_2)^T$ bzw. $\mathbf{s} = (s_1; s_2)^T$ entsprechen die Substitutionen

$$\begin{matrix} x := x - m_1 \\ y := y - m_2 \end{matrix} \quad \text{bzw.} \quad \begin{matrix} x := x - s_1 \\ y := y - s_2 \end{matrix}$$

in allen oben angeführten Gleichungen. Das ergibt u.a. folgende Formen der Kegelschnittsgleichungen (achsenparallele Form):

$$(x - m_1)^2 + (y - m_2)^2 = R^2 \quad \text{Kreis}$$

$$\frac{(x - m_1)^2}{a^2} \pm \frac{(y - m_2)^2}{b^2} = 1 \quad \text{Ellipse, Hyperbel}$$

$$(y - s_2)^2 = 2p(x - s_1) \quad \text{Parabel (nach rechts geöffnet)}$$

Allgemeine Kegelschnittsgleichung

$a_{11}x^2 + 2a_{12}xy + a_{22}y^2 + 2a_{01}x + 2a_{02}y + a_{00} = 0$

bzw. $\mathbf{x}^T \cdot \mathbf{A} \cdot \mathbf{x} + 2\mathbf{a}^T \cdot \mathbf{x} + a_{00} = 0$.

Es gilt:

$$\mathbf{A} = \begin{pmatrix} a_{11} & a_{12} \\ a_{12} & a_{22} \end{pmatrix}, \ \mathbf{a} = \begin{pmatrix} a_{01} \\ a_{02} \end{pmatrix}, \ \mathbf{x} = \begin{pmatrix} x \\ y \end{pmatrix} \text{ und } \tilde{\mathbf{A}} = \begin{pmatrix} a_{11} & a_{12} & a_{01} \\ a_{12} & a_{22} & a_{02} \\ a_{01} & a_{02} & a_{00} \end{pmatrix}.$$

Klassifikation:

1.	$\det \tilde{\mathbf{A}} \neq 0$:	nicht ausgeartete Kurven 2. Ordnung
1.1	$\det \mathbf{A} \neq 0$:	Kurven mit Mittelpunkt und zwar für
	$\det \mathbf{A} > 0$:	und $\det \tilde{\mathbf{A}} < 0$: Ellipse (falls $a_{11} = a_{22}$ Kreis). Falls $\det \tilde{\mathbf{A}} > 0$ gibt es keine reellen Punkte, die die Gleichung erfüllen.
	$\det \mathbf{A} < 0$:	Hyperbel
1.2	$\det \mathbf{A} = 0$:	Kurven ohne Mittelpunkt - Parabeln
2.	$\det \tilde{\mathbf{A}} = 0$:	ausgeartete Kurven (reelles oder komplexes Geradenpaar, Doppelgerade, Punkt).

Klassifikation unter der Bedingung $a_{12} = a_{21} = 0$, d.h. achsenparallele Lage:

$a_{11} = a_{22} \neq 0$	Kreis
$a_{11} \neq a_{22}$; $a_{11} \neq 0, a_{22} \neq 0$; $\operatorname{sgn} a_{11} = \operatorname{sgn} a_{22}$	Ellipse
$a_{11} \neq a_{22}$; $a_{11} \neq 0, a_{22} \neq 0$; $\operatorname{sgn} a_{11} = -\operatorname{sgn} a_{22}$	Hyperbel
$a_{11} = 0$ und $a_{22} \neq 0$ oder $a_{11} \neq 0$ und $a_{22} = 0$	Parabel

In diesen Fällen können die achsenparallelen Darstellungsformen (s.o. unter allgemeiner achsenparalleler Lage) auch durch quadratische Ergänzungen ermittelt werden. Unter den Bedingungen für Kreis und Ellipse können auch Fälle auftreten, in denen die Gleichung nicht durch reelle Punkte erfüllt wird.

Hauptachsentransformation
für nicht ausgeartete Kurven 2. Ordnung ($\det \tilde{\mathbf{A}} \neq 0$).
Die allgemeine Gleichung eines Kegelschnitts ist durch eine Parallelverschiebung und eine Drehung des Koordinatensystems in die Mittelpunktsgleichung bzw. Scheitelgleichung zu überführen.

I. **Kurven mit Mittelpunkt** ($\det \mathbf{A} \neq 0$) - Ellipse, Kreis, Hyperbel
Ausgangsgleichung: $\mathbf{x}^T \cdot \mathbf{A} \cdot \mathbf{x} + 2\mathbf{a}^T \cdot \mathbf{x} + a_{00} = 0$

1. *Berechnung des Mittelpunktes* $M = (m_1, m_2)$
   Die Lösung von $\mathbf{A} \cdot \mathbf{m} = -\mathbf{a}$ ergibt den Ortsvektor $\mathbf{m} = (m_1, m_2)^T$ des Mittelpunktes $M = (m_1, m_2)$.

2. *Parallelverschiebung des Koordinatensystems mit* $\mathbf{m}$
   $\mathbf{x} = \overline{\mathbf{x}} + \mathbf{m}$ überführt mit $d = \mathbf{a}^T \cdot \mathbf{m} + a_{00}$ und $\overline{\mathbf{x}} = (\overline{x}, \overline{y})^T$ die Ausgangsgleichung in
   $\overline{\mathbf{x}}^T \cdot \mathbf{A} \cdot \overline{\mathbf{x}} + d = 0$ bzw. $a_{11}\overline{x}^2 + 2a_{12}\overline{xy} + a_{22}\overline{y}^2 + d = 0$.

3. *Berechnung der Drehmatrix* $\mathbf{D}$
   Die Berechnung der Eigenwerte λ_1, λ_2 von $\mathbf{A}$ und zugehöriger normierter Eigenvektoren $\mathbf{c}_1, \mathbf{c}_2$ ergibt die Drehmatrix $\mathbf{D} = (\mathbf{c}_1\ \mathbf{c}_2)^{-1}$, wobei $\det \mathbf{D} = 1$ sein muß. (Falls bei einer Wahl $\det \mathbf{D} = -1$ ist, muß man

das Vorzeichen eines Eigenvektors ändern.) Weiterhin ist zu beachten, daß ein Vertauschen der Eigenwerte und die damit verbundene Änderung der Eigenvektoren zu einem Kegelschnitt mit vertauschter Zuordnung der Haupt- und Nebenachse (bzw. Parabelachse) zu den Koordinatenachsen des gedrehten Koordinatensystems sowie einem zugehörigen anderen Drehwinkel führt (vgl. Frage/Antwort 38).

4. *Drehung des Koordinatensystems mit* $\mathbf{D} = (\mathbf{c}_1\ \mathbf{c}_2)^{-1} = (\mathbf{c}_1\ \mathbf{c}_2)^T$
Es gilt $\overline{\mathbf{x}} = \mathbf{D}^{-1} \cdot \boldsymbol{\xi} = (\mathbf{c}_1\ \mathbf{c}_2) \cdot \boldsymbol{\xi}$, und unter Beachtung von $\overline{\mathbf{x}}^T = \boldsymbol{\xi}^T \cdot \mathbf{D} = \boldsymbol{\xi}^T \cdot (\mathbf{c}_1\ \mathbf{c}_2)^{-1}$ und $(\mathbf{c}_1\ \mathbf{c}_2)^{-1} \cdot \mathbf{A} \cdot (\mathbf{c}_1\ \mathbf{c}_2) = \begin{pmatrix} \lambda_1 & 0 \\ 0 & \lambda_2 \end{pmatrix}$ erhält man aus $\overline{\mathbf{x}}^T \cdot \mathbf{A} \cdot \overline{\mathbf{x}} = -d$ schließlich die Gleichung $\boldsymbol{\xi}^T \cdot (\mathbf{c}_1\ \mathbf{c}_2)^{-1} \cdot \mathbf{A} \cdot (\mathbf{c}_1 \mathbf{c}_2) \cdot \boldsymbol{\xi} = -d$ bzw. $\lambda_1 \xi^2 + \lambda_2 \eta^2 = -d$.
Dividiert man die letzte Gleichung durch $-d$, so erhält man die Mittelpunktsgleichung des Kegelschnitts.

5. *Berechnung des Drehwinkels* φ

$$\text{Aus } \mathbf{D} = \begin{pmatrix} \cos\varphi & \sin\varphi \\ -sin\varphi & \cos\varphi \end{pmatrix} = \begin{pmatrix} c_{11} & c_{21} \\ c_{12} & c_{22} \end{pmatrix}^{-1} = \begin{pmatrix} c_{11} & c_{21} \\ c_{12} & c_{22} \end{pmatrix}^T$$

kann der Drehwinkel φ eindeutig bestimmt werden.

Bemerkung: Falls $\mathbf{a} = \mathbf{0}$ ist, wird das Koordinatensystem nur gedreht und nicht verschoben. Deshalb entfallen die Schritte 1 und 2.

II. **Kurven ohne Mittelpunkt** ($\det \mathbf{A} = 0$) - Parabel

1. *Berechnung der Drehmatrix* $\mathbf{D}$
Die Berechnung der Eigenwerte $\lambda_1 \neq 0$ und $\lambda_2 = 0$ (ein Eigenwert ist wegen $\det \mathbf{A} = 0$ stets Null) und zugehöriger normierter Eigenvektoren $\mathbf{c}_1, \mathbf{c}_2$ ergibt die Drehmatrix $\mathbf{D} = (\mathbf{c}_1\ \mathbf{c}_2)^{-1} = (\mathbf{c}_1\ \mathbf{c}_2)^T$, wobei die Eigenvektoren so bestimmt werden müssen, daß $\det \mathbf{D} = 1$ gilt.

2. *Drehung des Koordinatensystems* mit $\mathbf{D} = (\mathbf{c}_1\ \mathbf{c}_2)^{-1} = (\mathbf{c}_1\ \mathbf{c}_2)^T$
Es gilt $\mathbf{x} = (\mathbf{c}_1\ \mathbf{c}_2) \cdot \boldsymbol{\xi}$, weshalb man aus der Ausgangsgleichung $\boldsymbol{\xi}^T \cdot (\mathbf{c}_1\ \mathbf{c}_2)^{-1} \cdot \mathbf{A} \cdot (\mathbf{c}_1\ \mathbf{c}_2) \cdot \boldsymbol{\xi} + 2\mathbf{a}^T \cdot (\mathbf{c}_1\ \mathbf{c}_2) \cdot \boldsymbol{\xi} + a_{00} = 0$ erhält.
Beachtet man $(\mathbf{c}_1\ \mathbf{c}_2)^{-1} \cdot \mathbf{A} \cdot (\mathbf{c}_1\ \mathbf{c}_2) = \binom{\lambda_1\, 0}{0\ 0}$, setzt $p = 2\mathbf{a}^T \cdot \mathbf{c}_2$ und bildet bzgl. ξ die quadratische Ergänzung, so ergibt sich die Parabelgleichung $\lambda_1(\xi - \xi_0)^2 + p(\eta - \eta_0) = 0$.
Wählt man $\lambda_1 = 0$, so führt das zu $\lambda_2(\eta - \eta_0)^2 + p(\xi - \xi_0) = 0$.

3. *Parallelverschiebung des Koordinatensystems* mit $\boldsymbol{\xi} = (\xi_0, \eta_0)^T$
Die Parallelverschiebung $\xi = \overline{\xi} + \xi_0$ und $\eta = \overline{\eta} + y_0$ bewirkt, daß der Koordinatenursprung des $\overline{\xi}, \overline{\eta}$-Systems mit dem Scheitelpunkt der Parabel

zusammenfällt. Man erhält
$\lambda_1\overline{\xi}^2 + p\overline{\eta} = 0$ bzw. $\overline{\xi}^2 = -\frac{p}{\lambda_1}\overline{\eta}$.
Wählt man $\lambda_1 = 0$, so erhält man
$\lambda_2\overline{\eta}^2 + p\overline{\xi} = 0$ bzw. $\overline{\eta}^2 = -\frac{p}{\lambda_2}\overline{\xi}$.

Fragen zu 5.3

25. Durch welche Vorgaben ist ein Kreis in Mittelpunktslage eindeutig bestimmt?

26. Wie lautet die Gleichung der Tangente, die im Punkt $P_0 = (x_0, y_0)$ an einen Kreis mit dem Mittelpunkt $M = (m_1, m_2)$ und dem Radius R gelegt wird?

27. Welche Koordinaten haben die Hauptscheitel einer Ellipse in Mittelpunktslage?

28. Wie lautet die Mittelpunktsgleichung einer *gleichseitigen* Hyperbel
a) mit der x-Achse als Hauptachse,
b) mit der y-Achse als Hauptachse?

29. Wie lautet die Scheitelgleichung einer nach links geöffneten Parabel mit dem Scheitel $S = (s_1, s_2)$?

30. Wie ermittelt man die Gleichungen der Tangenten von einem außerhalb eines Kegelschnitts liegenden Punkt $P_0 = (x_0, y_0)$ an den Kegelschnitt?

31. In welchem Quadranten liegt der Mittelpunkt einer Ellipse, deren Gleichung in kanonischer Form (Haupt- und Nebenachse parallel zu den Koordinatenachsen)
$\frac{(x+x_0)^2}{a^2} + \frac{(y-y_0)^2}{b^2} = 1$ mit $x_0, y_0 > 0$ lautet?

32. Wie lautet die Tangentengleichung im Kurvenpunkt $P_0 = (x_0, y_0)$ eines Kegelschnittes in achsenparalleler Lage (kanonische Form) für folgende Fälle:
a) eine Ellipse mit dem Mittelpunkt $M = (m_1, m_2)$,
b) eine nach rechts geöffnete Parabel mit dem Scheitel $S = (s_1, s_2)$?

33. Wie ändert sich die Gleichung der Parabel $y^2 = 4x$, wenn sie im mathematisch positiven Sinn um $90°, 180°, -90°$ gedreht wird?

34. Wie ändert sich die Hyperbelgleichung $\frac{x^2}{a^2} - \frac{y^2}{b^2} = 1$, wenn die Kurve
a) um 3 Einheiten nach rechts und 2 Einheiten nach unten verschoben wird,
b) um 90° im mathematisch positiven Sinn gedreht wird?

35. Wie können die Klassifikationsmerkmale der Kurven 2. Ordnung mit Hilfe des Ranges der Matrizen **A** und $\tilde{\mathbf{A}}$ ausgedrückt werden?

36. Warum ist für die allgemeine Gleichung der Kurven 2. Ordnung die Bedingung $a_{12} = a_{21} = 0$ für einen Kreis notwendig, aber nicht hinreichend?

37. Warum folgt für Kegelschnitte ohne Mittelpunkt, daß ein Eigenwert Null sein muß?

38. Welche Auswirkungen hat die Vertauschung der Eigenwerte λ_1 und λ_2 auf die Hauptachsentransformation eines Kegelschnitts?

Aufgaben zu 5.3

35. Welche Mittelpunktsgleichung und welchen Radius hat der Kreis
a) der durch den Punkt $P_0 = (8; -6)$ geht,
b) $3x^2 + 3y^2 - 3x + 4y = 0$,
c) $x^2 - 6x + y^2 - 8y + 50 = 0$?
d) Wie muß man bei der in c) gegebenen Gleichung das Absolutglied wählen, damit der dadurch in Mittelpunktslage gegebene Kreis den Radius $R = 6$ besitzt?

36. Ermitteln Sie die Gleichung des Kreises, der durch die folgenden 3 Punkte geht: $P_1 = (2; 1)$, $P_2 = (3; -2)$, $P_3 = (-4; -1)$!

37. Bestimmen Sie die Gleichung des Kreises mit dem Mittelpunkt $M = (3; -2)$, der die Gerade $3x + 4y - 26 = 0$ berührt, und ermitteln Sie die Koordinaten des Berührungspunktes!

38. Wie lauten die Gleichungen der Tangenten an den Kreis $(x-2)^2+(y+1)^2 = 25$ in den Punkten mit der Abszisse $x = 5$, und welchen Winkel bilden sie miteinander?

39. Gegeben ist die Gerade $4x + 3y - 24 = 0$ und der Kreis $x^2 + y^2 = 100$. In welchen Punkten berühren die Tangenten, die parallel zur Geraden liegen, den Kreis, und wie lauten ihre Gleichungen?

40. Ermitteln Sie die Gleichungen der vom Punkt $P_0 = (6;1)$ an den Kreis $x^2 + y^2 + 2x - 4y - 20 = 0$ gelegten Tangenten!

41. Der Scheitel einer Parabel hat die Koordinaten $S = (3;-2)$, und ihr Halbparameter betrage $p = 4$. Geben Sie die Parabelgleichung an, wenn sie
a) nach rechts geöffnet ist,
b) nach unten geöffnet ist!

42. Ermitteln Sie den Scheitelpunkt und den Halbparameter folgender Parabeln! In welche Richtung sind die Parabeln geöffnet?
a) $y^2 - 6y - 6x + 3 = 0$,
b) $x^2 - 10x - 8y + 1 = 0$,
c) $y^2 + 4y + 5x - 6 = 0$,
d) $x^2 + 6x + 4y + 25 = 0$,
e) $y^2 - 2y + 6x + 13 = 0$.

43. Ein parabolischer Brückenbogen (nach unten geöffnet) hat die Spannweite $s = 100m$ und die Höhe $h = 10m$. Wie lautet die Parabelgleichung, wenn sich der Koordinatenursprung
a) im Scheitelpunkt,
b) am linken Ende des Brückenbogens befindet?

44. Wie lautet die Gleichung der Tangente an die Parabel
a) $x^2 + 2x + 2y - 5 = 0$ im Punkt mit der Abszisse $x_0 = 3$,
b) $y^2 - 6y - 24x + 105 = 0$ im Punkt mit der Ordinate $y_0 = 15$?

45. Vom Punkt P_0 aus sind die Tangenten an die Parabel zu legen. In welchen Punkten berühren die Tangenten die Parabel, und wie lauten ihre Gleichungen?
a) $x^2 = 4y$; $P_0 = (4;3)$,
b) $x^2 = 8y$; $P_0 = (2;-4)$.

46. Die folgenden Gleichungen stellen Kegelschnitte in achsenparalleler Lage dar. Ermitteln Sie die Art des Kegelschnittes, die Koordinaten des Mittelpunktes, den Radius bzw. die Haupt- und Nebenachse!
Falls es sich um eine Parabel handelt, ermitteln Sie die Koordinaten des Scheitelpunktes, den Halbparameter und die Öffnungsrichtung!
Falls es sich um eine Hyperbel handelt, sind die Gleichungen der Asymptoten mit anzugeben!
a) $9x^2 + 36x + 16y^2 - 32y - 92 = 0$,
b) $16x^2 - 64x - 25y^2 - 50y - 361 = 0$,
c) $4x^2 - 8x - y^2 + 31 = 0$,

d) $y^2 + 4y - 4x + 16 = 0$,
e) $x^2 - 6x - 6y + 15 = 0$.

47. Eine Ellipse in Mittelpunktslage hat einen Scheitelpunkt in $S_1 = (0; 4)$. Wie lautet ihre Gleichung, wenn sie des weiteren durch
a) den Punkt $P_1 = (1; 0)$,
b) den Punkt $P_2 = (-4; -2\sqrt{3})$,
c) den Punkt $P_3 = (1; 10)$
gehen soll? Wie lauten die Koordinaten der Haupt- und Nebenscheitelpunkte?

48. Eine Ellipse in Mittelpunktslage soll durch die Punkte $P_1 = (9; 8)$ und $P_2 = (-12; 6)$ gehen. Wie lautet ihre Gleichung, und wie lauten die Koordinaten der Haupt- und Nebenscheitelpunkte?

49. Eine Ellipse in achsenparalleler Lage hat den Mittelpunkt $M = (8; 4)$ und berührt die y-Achse. Wie lautet ihre Gleichung, wenn sie durch den Punkt $P_0 = (4; 4 + \frac{1}{2}\sqrt{3})$ gehen soll?
Geben Sie die Koordinaten der Haupt- und Nebenscheitel an!

50. Berechnen Sie die Brennpunkte der folgenden Ellipsen, und kontrollieren Sie für die angegebenen Ellipsenpunkte die definierende Eigenschaft, daß für alle Ellipsenpunkte die Summe der Abstände von den Brennpunkten konstant gleich der Länge der Hauptachse ist! (Die Brennpunkte einer Ellipse liegen auf der Hauptachse in der Entfernung e vom Mittelpunkt. Es gilt $e = \sqrt{a^2 - b^2}$, wenn $2a$ die Hauptachse ist, und $e = \sqrt{b^2 - a^2}$, wenn $2b$ die Hauptachse ist.)
a) $\frac{x^2}{25} + \frac{y^2}{16} = 1$; $P_0 = (-4; y_0), y_0 < 0$,
b) $(x + 2,5)^2 + \frac{y^2}{9} = 1$; $P_0 = (-2; y_0), y_0 > 0$.

51. Geben Sie die Gleichung der Tangente an, die die gegebene Ellipse im Punkt P_0 berührt!
a) $4x^2 + 9y^2 - 36 = 0$, $P_0 = (1; -\frac{4}{3}\sqrt{3})$,
b) $4x^2 + 25y^2 - 32x - 150y + 189 = 0$, $P_0 = (1; \frac{7}{5})$.

52. In den Ellipsenpunkten mit der Abszisse $x = 4$ werden die Tangenten an die Ellipse $\frac{x^2}{25} + \frac{y^2}{16} = 1$ gelegt. Ermitteln Sie die Gleichungen dieser Tangenten!

53. Gegeben ist die Ellipse $\frac{x^2}{16} + \frac{y^2}{25} = 1$. In welchen Ellipsenpunkten verlaufen die Tangenten parallel zur Geraden $15x - 16y - 62 = 0$, und wie lauten die Tangentengleichungen in diesen Punkten?

54. Vom Punkte P_0 sind die Tangenten an die jeweilige Ellipse zu legen. Ermitteln Sie die Berührungspunkte und geben Sie die Gleichungen der Tangenten an!
a) $P_0 = (\frac{21}{5}; -\frac{4}{5})$; $\frac{x^2}{9} + \frac{y^2}{16} = 1$,
b) $P_0 = (-16; 6)$; $4x^2 + 9y^2 - 40x - 72y - 656 = 0$.

55. Eine Hyperbel in Mittelpunktslage hat einen Scheitelpunkt in $S_1 = (0; 2)$ und geht durch den Punkt $P_1 = (-4; 2\sqrt{2})$. Ermitteln Sie die Gleichung der Hyperbel, den zweiten Scheitelpunkt und die Gleichungen der Asymptoten! Charakterisieren Sie das Öffnungsverhalten der Hyperbel!

56. Eine Hyperbel in achsenparalleler Lage hat den Mittelpunkt $M = (-4; 2)$ und einen Scheitelpunkt in $S_1 = (-1,5; 2)$. Eine Asymptotengleichung lautet $y = 2x + 10$. Ermitteln Sie die Gleichung der Hyperbel, die Gleichung der zweiten Asymptote und die Koordinaten des zweiten Scheitelpunktes! Charakterisieren Sie das Öffnungsverhalten der Hyperbel!

57. Gegeben ist die Hyperbel $\frac{x^2}{9} - \frac{y^2}{25} = 1$.
Bestimmen Sie die Gleichungen der Tangenten und der Normalen in den Hyperbelpunkten mit der Abszisse $x = -5$!

58. Wie lautet die Gleichung der Tangente im Punkt $P_0 = (4; y_0)$, $y_0 < 0$, die an die Hyperbel $16x^2 - 9y^2 + 144 = 0$ gelegt wird?

59. Berechnen Sie die Gleichungen der Tangenten vom Punkt $P_0 = (3; \frac{9}{16})$ an die Hyperbel $9x^2 - 16y^2 - 144 = 0$!

60. Begründen Sie für folgende Gleichungen von Kurven 2. Ordnung zunächst die Art des Kegelschnittes, und führen Sie anschließend die Hauptachsentransformation durch!
a) $3x^2 + 2xy + 3y^2 - 8 = 0$,
b) $4x^2 - 4\sqrt{6}y + 2y^2 - 32 = 0$,
c) $3x^2 - 2\sqrt{2}y + 2y^2 - 8x - 8 = 0$,
d) $16x^2 + 16xy + 4y^2 + 20\sqrt{5}x + 30\sqrt{5}y + \frac{45}{4} = 0$,
e) $2x^2 + 4\sqrt{3}xy + 3y^2 - 12 = 0$,
f) $4x^2 + 4\sqrt{2}xy + 6y^2 - 32 = 0$.

Antworten zu 5

1. Eine Gerade ist eindeutig bestimmbar durch
   a) zwei (nicht zusammenfallende) Punkte,
   b) einen Punkt und einen Richtungsvektor,
   c) zwei nicht parallele Ebenen (Schnittgerade).

2. a) Durch die Wahl eines anderen Ausgangspunktes auf der Geraden wird dieselbe Gerade dargestellt.
   b) Die Gerade wird parallel verschoben.
   c) Es wird dieselbe Gerade dargestellt. Wegen $k < 0$ ist der neue Richtungsvektor zum ursprünglichen entgegengesetzt gerichtet, die Gerade wird bei zunehmendem t in entgegengesetzter Richtung durchlaufen.

3. Für Punkte X der Geraden und nur für diese ist $\mathbf{x} - \mathbf{p}_0$ parallel zu $\mathbf{v}$, d.h. $\mathbf{v} \times (\mathbf{x} - \mathbf{p}_0) = \mathbf{0}$, und das ist folglich eine parameterfreie Darstellung der Geraden.
   Berechnet man
   $$\begin{vmatrix} \mathbf{i} & \mathbf{j} & \mathbf{k} \\ v_1 & v_2 & v_3 \\ x - x_0 & y - y_0 & z - z_0 \end{vmatrix} = \begin{pmatrix} v_2(z - z_0) & - & v_3(y - y_0) \\ v_3(x - x_0) & - & v_1(z - z_0) \\ v_1(y - y_0) & - & v_2(x - x_0) \end{pmatrix} = \mathbf{0}\,,$$
   so folgt aus dem Verschwinden der einzelnen Koordinaten
   $$\frac{x - x_0}{v_1} = \frac{y - y_0}{v_2} = \frac{z - z_0}{v_3}\,,$$
   eine weitere Form der parameterfreien Darstellung der Geraden.

4. 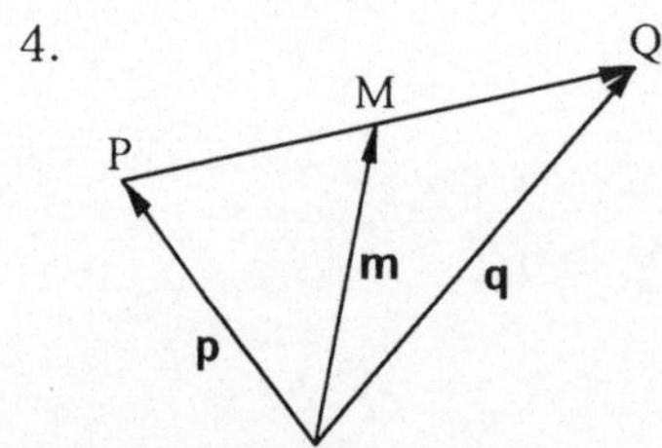

   Abb. 5.20

   Es ist $\mathbf{m} = \mathbf{p} + \frac{1}{2}(\mathbf{q} - \mathbf{p}) = \frac{1}{2}(\mathbf{p} + \mathbf{q})$, d.h., für $\mathbf{m} = (m_1, m_2, m_3)^T$ ergibt sich $m_1 = \frac{p_1+q_1}{2}$, $m_2 = \frac{p_2+q_2}{2}$, $m_3 = \frac{p_3+q_3}{2}$. Zum gleichen Ergebnis gelangt man, wenn man die Formel für den Teilpunkt einer Strecke voraussetzt und dort für das Teilverhältnis $\frac{m}{n} = \lambda = 1$ einsetzt (Abb. 5.20).

5. Zwei Geraden g und g^* seien in Parameterdarstellung gegeben:
   $g : \mathbf{x} = \mathbf{a} + t\mathbf{v}, t \in I\!R$, $\quad g^* : \mathbf{x} = \mathbf{a}^* + t^*\mathbf{v}^*, t^* \in I\!R$.
   Durch "Gleichsetzen" ergibt sich das folgende lineare Gleichungssystem

für t und t^*, wobei Lösungen des Systems die Parameter von gemeinsamen Punkten der Geraden sind:

$$\begin{pmatrix} v_1 & -v_1^* \\ v_2 & -v_2^* \\ v_3 & -v_3^* \end{pmatrix} \cdot \begin{pmatrix} t \\ t^* \end{pmatrix} = \begin{pmatrix} a_1^* & - & a_1 \\ a_2^* & - & a_2 \\ a_3^* & - & a_3 \end{pmatrix} \Rightarrow \mathbf{V}_{(3;2)} \cdot \mathbf{t} = \mathbf{b}.$$

Den Lösungsfällen des LGS entsprechen Lagebeziehungen der beiden Geraden:

$\mathrm{rg}(\mathbf{V}) = \mathrm{rg}(\mathbf{V}, \mathbf{b}) = 1 \Rightarrow$ Die Geraden sind identisch,
$\mathrm{rg}(\mathbf{V}) = 1$ und $\mathrm{rg}(\mathbf{V}, \mathbf{b}) = 2 \Rightarrow$ die Geraden sind parallel,
$\mathrm{rg}(\mathbf{V}) = \mathrm{rg}(\mathbf{V}, \mathbf{b}) = 2 \Rightarrow$ es existiert genau ein Schnittpunkt,
$\mathrm{rg}(\mathbf{V}) = 2$ und $\mathrm{rg}(\mathbf{V}, \mathbf{b}) = 3 \Rightarrow$ die Geraden sind windschief.

6.

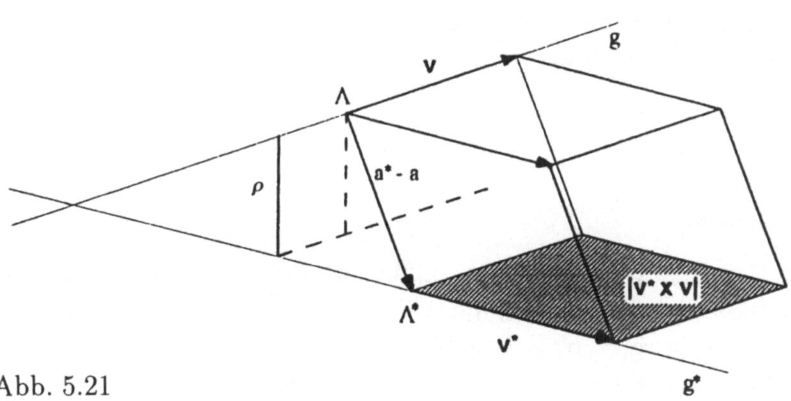

Abb. 5.21

Die windschiefen Geraden seien $g : \mathbf{x} = \mathbf{a} + t\mathbf{v},\ t \in \mathbb{R}$ und $g^* : \mathbf{x} = \mathbf{a}^* + t^*\mathbf{v}^*, t^* \in \mathbb{R}$, und es sei ϱ der gesuchte (kürzeste) Abstand beider Geraden.
Das Volumen des von $\mathbf{v}, \mathbf{v}^*$ und $\mathbf{a}^* - \mathbf{a}$ aufgespannten Spates läßt sich zum einen als Spatprodukt der drei Vektoren und zum anderen aus $\varrho|\mathbf{v}^* \times \mathbf{v}|$ berechnen (s. Abb. 5.21).
Daraus folgt $\varrho = \dfrac{|(\mathbf{a}^* - \mathbf{a}) \cdot (\mathbf{v}^* \times \mathbf{v})|}{|\mathbf{v}^* \times \mathbf{v}|}$.

7. Eine Ebene ist eindeutig bestimmt durch:
a) 3 nicht-kollineare Punkte (nicht auf einer Geraden),
b) einen Punkt und zwei Richtungsvektoren,
c) zwei Punkte P_0 und P_1 und einen Richtungsvektor $\mathbf{u}, \mathbf{u} \neq \mathbf{P_0P_1}$,
d) einen Punkt und einen Normalenvektor der Ebene,
e) die Achsenabschnitte (Sonderfall von a)).

8. Die Koeffizienten a, b, c sind die Koordinaten eines Normalenvektors $\mathbf{n}$. Für den Abstand ϱ der Ebene vom Koordinatenursprung gilt: $\varrho = \varrho(O; E) = \frac{d}{\sqrt{a^2+b^2+c^2}}$.

9. Das Vektorprodukt aus den beiden Richtungsvektoren $\mathbf{u}$ und $\mathbf{v}$ ergibt einen Vektor $\mathbf{n}$, der auf der von $\mathbf{u}$ und $\mathbf{v}$ aufgespannten Ebene, in der auch ein Vektor $\mathbf{x}-\mathbf{p}_0$ liegt, senkrecht steht. Folglich ist das Skalarprodukt aus dem Normalenvektor $\mathbf{n}$ und $\mathbf{x} - \mathbf{p}_0$ stets Null. Die Ebenengleichung nimmt somit die Gestalt $\mathbf{n} \cdot (\mathbf{x} - \mathbf{x}_0) = 0$ bzw. durch Skalarmultiplikation $ax + by + cz + d = 0$ an.

10. Durch Einsetzen der Koordinaten eines Punktes $Q, Q \notin E$ in die Hessesche Normalform der Ebene erhält man eine Zahl ungleich Null, deren Betrag der Abstand des Punktes Q von der Ebene ist.
Durch Einsetzen des Koordinatenursprungs in die Hessesche Normalform ergibt sich der Abstand der Ebene vom Koordinatenursprung.

11. Zwei Ebenen E_1 und E_2 sind parallel, wenn ihre Normalenvektoren $\mathbf{n}_1$ und $\mathbf{n}_2$ parallel sind, d.h., wenn $\mathbf{n}_1 = \lambda \mathbf{n}_2$ gilt.
Gilt darüber hinaus auch noch $d_1 = \lambda d_2$, so fallen die beiden Ebenen zusammen.

12. Die beiden Ebenengleichungen bilden ein lineares Gleichungssystem, bestehend aus 2 Gleichungen mit 3 Variablen.
Gilt $\text{rg}(\mathbf{A}) = \text{rg}(\mathbf{A}, \mathbf{b}) = 2$, so liegt eine eindimensionale Lösungsmannigfaltigkeit vor ($d = n - r = 1$), also eine Schnittgerade.
Gilt hingegen $\text{rg}(\mathbf{A}) = \text{rg}(\mathbf{A}, \mathbf{b}) = 1$, so stellen beide Gleichungen dieselbe Ebene dar. Für $\text{rg}(\mathbf{A}) = 1$ und $\text{rg}(\mathbf{A}, \mathbf{b}) = 2$ existiert keine Lösung, es gibt keine gemeinsamen Punkte, folglich liegen die Ebenen parallel.

13. *1. Möglichkeit*: Genau dann wenn g und E parallel sind, bilden der Normalenvektor $\mathbf{n}$ und der Richtungsvektor $\mathbf{v}$ der Geraden einen rechten Winkel, folglich muß das Skalarprodukt $\mathbf{n} \cdot \mathbf{v} = 0$ sein.
2. Möglichkeit: Der Richtungsvektor $\mathbf{v}$ der Geraden ist eine Linearkombination der beiden Richtungsvektoren der Ebene.

14. Setzt man die Geradengleichung $\mathbf{x} = \mathbf{x}_0 + t\mathbf{v}$ in die Ebenengleichung $\mathbf{n} \cdot (\mathbf{x} - \mathbf{p}_0) = 0$ ein, so kann man den Schnittparameter $t_s = \frac{\mathbf{n} \cdot (\mathbf{p}_0 - \mathbf{x}_0)}{\mathbf{n} \cdot \mathbf{v}}$ berechnen. Setzt man t_s in die Geradengleichung ein, so erhält man den Ortsvektor $\mathbf{x}_s$ des Schnittpunktes.

15. Durch den Punkt Q legt man eine Hilfsebene E, die den Richtungsvektor $\mathbf{v}$ der Geraden g als Normalenvektor besitzt ($\mathbf{n} = \mathbf{v}$), d.h. $E \perp g$.

Die Hilfsebene hat die Gleichung $\mathbf{v} \cdot (\mathbf{x} - \mathbf{q}) = 0$. Setzt man in diese Gleichung für $\mathbf{x}$ die Geradengleichung ein, so erhält man über den Schnittparameter t_s den Schnittpunkt S (vgl. 14). Zuletzt berechnet man den Abstand $\varrho(Q, g) = |QS|$.

16. Transformationsgleichung:

$$\begin{pmatrix} \overline{x} \\ \overline{y} \end{pmatrix} = \begin{pmatrix} x \\ y \end{pmatrix} - \begin{pmatrix} 3 \\ -2 \end{pmatrix} \text{ bzw. } \begin{matrix} \overline{x} = x - 3 \\ \overline{y} = x + 2 \end{matrix} .$$

17. a) $\mathbf{D} = \begin{pmatrix} \cos 30° & \sin 30° \\ -\sin 30° & \cos 30° \end{pmatrix} = \frac{1}{2} \begin{pmatrix} \sqrt{3} & 1 \\ -1 & \sqrt{3} \end{pmatrix}$,

b) $\mathbf{D} = \begin{pmatrix} \cos(-45°) & \sin(-45°) \\ -\sin(-45°) & \cos(-45°) \end{pmatrix} = \frac{\sqrt{2}}{2} \begin{pmatrix} 1 & -1 \\ 1 & 1 \end{pmatrix}$.

18. Für $\mathbf{D}$ gilt $\mathbf{D}^{-1} = \mathbf{D}^T$ und $\det \mathbf{D} = 1$.

19. Bei einer Verschiebung aller Punkte einer (Koordinaten-)Ebene wird jeder Punkt $P(x, y)$ auf einen Punkt $\overline{P}(\overline{x}, \overline{y})$ abgebildet, wobei $\overline{\mathbf{p}} = \mathbf{p} + \mathbf{v}$, d.h., $\overline{x} = x + v_1$ und $\overline{y} = y + v_2$ gilt.
Zum gleichen Ergebnis gelangt man, wenn alle Punkte fest bleiben und das Koordinatensystem $S = \{O, \mathbf{i}, \mathbf{j}\}$ mittels des Vektors $-\mathbf{v}$ in das System $S' = \{O', \mathbf{i}, \mathbf{j}\}$ transformiert wird, denn dann gilt $\mathbf{p}' = \mathbf{p} - (-\mathbf{v}) = \mathbf{p} + \mathbf{v} = \overline{\mathbf{p}}$, also $\mathbf{p}' = \overline{\mathbf{p}}$.

20. Der in der Fragestellung definierten Drehung aller Punkte einer Ebene entspricht eine Drehung des Koordinatensystems um den Winkel $-\varphi$.

21. Es sei $F(x, y) = 0$ bzw. $y = f(x)$ die Gleichung einer ebenen Kurve und $\mathbf{v} = (v_1, v_2)^T$ ein Verschiebungsvektor. Mittels $x = \overline{x} - v_1$ und $y = \overline{y} - v_2$ (vgl. Antwort zur 19. Frage) erhält man im als verschoben gedachten $\overline{x}, \overline{y}$-Koordinatensystem die Gleichungen
$F(\overline{x} - v_1, \overline{y} - v_2) = 0$ bzw. $\overline{y} - v_2 = f(\overline{x} - v_1)$.
Dieses $\overline{x}, \overline{y}$-System entspricht beim Verschieben der Kurve dem festbleibenden x, y-System, und so folgt insgesamt:

$$\begin{aligned} F(x, y) &= 0 & \longrightarrow \quad & F(x - v_1, y - v_2) = 0 \\ y &= f(x) & \longrightarrow \quad & y - v_2 = f(x - v_1) . \end{aligned}$$

22. a) $y - 6 = (x - 2)^2$ bzw. $y = (x - 2)^2 + 6$,
b) $y + 4 = (x - 5)^2 + 4$ bzw. $y = (x - 5)^2$,
c) $y + 1 = (x + 3 - 3)^2 + 1$ bzw. $y = x^2$,
d) $y - 3 = x + 1$ bzw. $y = x + 4$,
e) $(x - 5)^2 + (y + 5)^2 = 25$,
f) $y = \sin(x + \frac{3}{2}\pi) = -\cos x$.

23. Den nacheinander ausgeführten Spiegelungen entspricht insgesamt eine Drehung um $\varphi = \pi$; d.h.
$$\begin{pmatrix} x^* \\ y^* \end{pmatrix} = \begin{pmatrix} \cos\pi & \sin\pi \\ -\sin\pi & \cos\pi \end{pmatrix} \cdot \begin{pmatrix} x \\ y \end{pmatrix} = \begin{pmatrix} -1 & 0 \\ 0 & -1 \end{pmatrix} \cdot \begin{pmatrix} x \\ y \end{pmatrix}$$
bzw. $x^* = -x$ und $y^* = -y$ (vgl. Abb. 5.22).

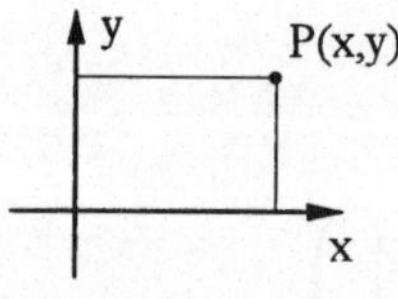

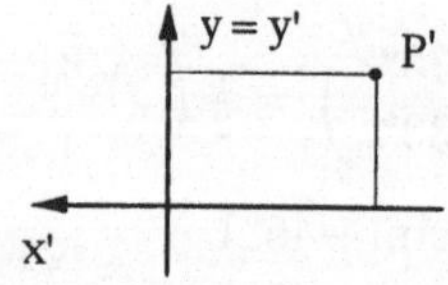

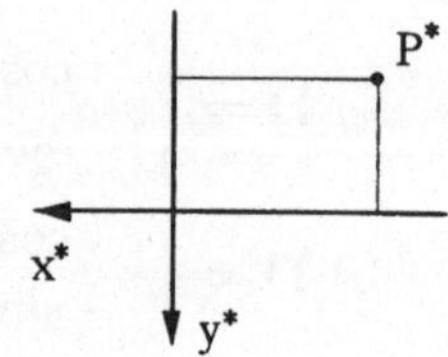

Abb. 5.22

24. Mit $\mathbf{v}_1 = (v_1; 0; 0)$, $\mathbf{v}_2 = (0; v_2; 0)$, $\mathbf{v}_3 = (0; 0; v_3)$ gilt
$\overline{\mathbf{p}} = [(\mathbf{p} - \mathbf{v}_1) - \mathbf{v}_2] - \mathbf{v}_3 = \mathbf{p} - (\mathbf{v}_1 + \mathbf{v}_2 + \mathbf{v}_3) = \mathbf{p} - \mathbf{v}$.

25. Ein Kreis in Mittelpunktslage ist beispielsweise durch die Angabe des Radius oder eines Punktes auf dem Kreis eindeutig bestimmt (der Abstand des Punktes vom Koordinatenursprung ist der Radius).
Ist eine an den Kreis gelegte Tangente bekannt, so erhält man mit der Normalen durch den Koordinatenursprung einen Schnittpunkt mit der Tangente, der auf dem Kreis liegt, und kann wie oben fortsetzen.

26. Die Tangentengleichung lautet:
$(x_0 - m_1)(x - m_1) + (y_0 - m_2)(y - m_2) = R^2$.

27. Die beiden Hauptscheitel haben die Koordinaten $A_1 = (-a, 0)$ und $A_2 = (a, 0)$, wenn $a > b$, und sie lauten $B_1 = (0; b)$ und $B_2 = (0; -b)$, wenn $a < b$.

28. Da für eine gleichseitige Hyperbel $a = b$ gilt, lauten die Mittelpunktsgleichungen
a) $x^2 - y^2 = a^2$ bzw.
b) $-x^2 + y^2 = a^2$.

29. Parabelgleichung: $(y - s_2)^2 = -2p(x - s_1), \quad (p > 0)$.

30. Das Gleichungssystem, bestehend aus der Kegelschnittgleichung und der Polarengleichung von P_0 ergibt als Lösung zwei Schnittpunkte (Polare $\cap$ Kegelschnitt), die gleichzeitig Berührungspunkte der Tangenten sind.

Setzt man die Koordinaten der Schnittpunkte in die Tangentengleichung ein, so erhält man die Gleichungen für die von $P_0 = (x_0, y_0)$ ausgehenden Tangenten an den Kegelschnitt.

31. Der Mittelpunkt $(-x_0, y_0)$ der Ellipse liegt im 2. Quadranten.

32. a) $\frac{(x_0-m_1)(x-m_1)}{a^2} + \frac{(y_0-m_2)(y-m_2)}{b^2} = 1$,
b) $(y_0 - s_2)(y - s_2) = p(x + x_0 - 2s_1)$.

33. Bei einer Drehung um $90°$: $x^2 = 4y$ bzw. $y = \frac{1}{4}x^2$.
Bei einer Drehung um $180°$: $y^2 = -4x$.
Bei einer Drehung um $-90°$: $x^2 = -4y$ bzw. $y = -\frac{1}{4}x^2$.

34. a) $\frac{(x-3)^2}{a^2} - \frac{(y+2)^2}{b^2} = 1$, b) $\frac{y^2}{a^2} - \frac{x^2}{b^2} = 1$.

35. Für $\mathrm{rg}(\tilde{\mathbf{A}}) = 3$ und $\mathrm{rg}(\mathbf{A}) = 2$ erhält man Mittelpunktskurven (Ellipse, Kreis, Hyperbel, ausgenommen Fälle komplexer Lösungen).
Für $\mathrm{rg}(\tilde{\mathbf{A}}) = 3$ und $\mathrm{rg}(\mathbf{A}) = 1$ erhält man eine Parabel. Im Falle $\mathrm{rg}(\tilde{\mathbf{A}}) < 3$ erhält man ausgeartete Kurven (Geradenpaar, Doppelgerade, Punkt).

36. Notwendigkeit: Ein beliebiger Kreis mit dem Mittelpunkt $M = (m_1, m_2)$ und dem Radius r hat die Gleichung $(x - m_1)^2 + (y - m_2)^2 = r^2$, und diese ist äquivalent mit $x^2 + y^2 - 2m_1x - 2m_2y + m_1^2 + m_2^2 - r^2 = 0$, d.h., jede Kreisgleichung führt auf die allgemeine Gleichung einer Kurve 2. Ordnung mit $a_{12} = a_{21} = 0$ (und $a_{11} = a_{22}$).
Die genannte Bedingung ist nicht hinreichend, denn $a_{12} = a_{21} = 0$ gilt auch für Ellipsen und Hyperbeln in achsenparalleler Lage (in diesen Fällen gilt zusätzlich $a_{11} \neq a_{22}; a_{11}, a_{22} \neq 0$), denn: Aus $a_{12} = a_{21} = 0$ folgt $\mathbf{A} = \begin{pmatrix} a_{11} & 0 \\ 0 & a_{22} \end{pmatrix}$, und es sind $\lambda_1 = a_{11}$, $\lambda_2 = a_{22}$ die Eigenwerte von $\mathbf{A}$. Als zugehörige, normierte Eigenvektoren erhält man unter der Voraussetzung $a_{11} \neq a_{22}; a_{11}, a_{22} \neq 0$ die Vektoren $(1,\ 0)^T$ und $(0,\ 1)^T$ und somit die Drehmatrix $\mathbf{D} = \begin{pmatrix} 1 & 0 \\ 0 & 1 \end{pmatrix}$ und den Drehwinkel $\varphi = 0°$, d.h., es handelt sich im angenommenen Fall um Ellipsen ($\operatorname{sgn} a_{11} = \operatorname{sgn} a_{22}$) oder Hyperbeln ($\operatorname{sgn} a_{11} \neq \operatorname{sgn} a_{22}$) in bereits achsenparalleler Lage.

37. Die Eigenwertgleichung $\det(\mathbf{A} - \lambda\mathbf{E}) = 0$ ergibt
$\lambda^2 - (a_{11} + a_{22})\lambda + a_{11}a_{22} - a_{12}^2 = \lambda[\lambda - (a_{11} + a_{22})] + \det \mathbf{A} = 0$.
Da im Falle eines Kegelschnitts ohne Mittelpunkt $\det \mathbf{A} = 0$ gilt, folgt aus $\lambda[\lambda - (a_{11} + a_{22})] = 0$ stets $\lambda_1 = 0$.

38. Das Vertauschen der Eigenwerte von **A** (Benennung, Reihenfolge) hat nur für die zur Hauptachsentransformation gehörende Drehung Bedeutung und bewirkt ein Vertauschen der Achsen des bei der Hauptachsentransformation sich ergebenden Kegelschnittes. Es gilt im einzelnen: Bei einem Kreis ist das Problem ohne Bedeutung (siehe Frage/Antwort 36.); bei Ellipsen und Hyperbeln werden Haupt- und Nebenachse in ihrer Zuordnung zu den Koordinatenachsen des gedrehten Koordinatensystems vertauscht; bei Parabeln wird jeweils die andere Koordinatenachse des gedrehten Koordinatensystems zur Parabelachse. Zu den somit zwei möglichen Ergebnissen der Hauptachsentransformation gehören zwei verschiedene Drehwinkel (sie unterscheiden sich um $\pm 90°$). Der untersuchte Kegelschnitt hat in dem Koordinatensystem, das sich durch Parallelverschiebung mit dem berechneten Vektor $\mathbf{m}$ und durch Drehung des Ausgangssystems mit dem berechneten Drehwinkel φ_1 oder φ_2(je nach Reihenfolge der Eigenvektoren) ergibt, die als Ergebnis der Hauptachsentransformation erhaltene Darstellung (je nach Reihenfolge der Eigenvektoren und dem zugehörigen Drehwinkel φ).

Lösungen zu 5

1. $P_1 \in g$; $P_2 \notin g$; $P_3 \notin g$; $P_4 \in g$.
   Damit $P_5 \in g$, muß gelten: $(x_5;\ 2{,}5;\ z_5)^T = (-1;0;4)^T + t(3;-1;0)^T$, daraus folgt $z_5 = 4, t = -2{,}5$ und somit $x_5 = -8{,}5$.

2. a) $\mathbf{x} = (3;5;2)^T + t(0;0;1)^T, t \in \mathbb{R}$.
   b) $\mathbf{x} = t(3;5;2)^T, t \in \mathbb{R}$.
   c) $\mathbf{x} = (3;5;2)^T + t(1;0;0)^T, t \in \mathbb{R}$.
   d) $\mathbf{x} = (3;5;2)^T + t(a_1;a_2;0)^T, t \in \mathbb{R}; a_1, a_2$ beliebig, fest.

3. $M_1 = (3;2;0)$ Mittelpunkt von **AB**

   $s_1 : \mathbf{x} = \begin{pmatrix} 0 \\ 0 \\ 8 \end{pmatrix} + t \begin{pmatrix} 3 \\ 2 \\ -8 \end{pmatrix}$ Seitenhalbierende durch C und M_1,

   $M_2 = (0;2;4)$ Mittelpunkt von **BC**

   $s_2 : \mathbf{x} = \begin{pmatrix} 0 \\ 2 \\ 4 \end{pmatrix} + s \begin{pmatrix} 6 \\ -2 \\ -4 \end{pmatrix}$ Seitenhalbierende durch A und M_2,

   $S = (2;4/3;8/3)$ Schnittpunkt der Seitenhalbierenden,
   $\mathbf{OS} = \frac{2}{3}\sqrt{29} \approx 3{,}59$ Abstand des Punktes S vom Nullpunkt.

4. Gerade durch AB $g : \mathbf{x} = \begin{pmatrix}6\\0\\0\end{pmatrix} + t\begin{pmatrix}-6\\4\\0\end{pmatrix}$

   Fußpunkt F des Lotes von C auf g : $F = (\frac{24}{13}; \frac{36}{13}; 0)$

   Höhengerade durch C und F : $\mathbf{x} = \begin{pmatrix}0\\0\\8\end{pmatrix} + s\begin{pmatrix}\frac{24}{13}\\\frac{36}{13}\\-8\end{pmatrix}$

   F ist ein Teilpunkt der Strecke AB, d.h.

   $\frac{24}{13} = \frac{6+0\cdot\lambda}{1+\lambda}$ und $\frac{36}{13} = \frac{0+4\lambda}{1+\lambda}$ und $0 = \frac{0+0\cdot\lambda}{1+\lambda}$.

   Es folgt $\lambda = \frac{9}{4}$, d.h., F teilt die Strecke **AB** im Verhältnis 9:4.

5. Eine parameterfreie Darstellung von g_1 ist

   $\begin{pmatrix}x+1\\y-4\\z-5\end{pmatrix} \times \begin{pmatrix}2\\0\\1\end{pmatrix} = \mathbf{0}.$

   Um zwei Punkte der Geraden $g_2 : \frac{x-3}{2} = y = \frac{z+2}{3}$ zu erhalten, wählt man jeweils eine Koordinate beliebig und berechnet die restlichen:

   $x_3 = 3 \Rightarrow y_3 = 0 \Rightarrow z_3 = -2$, d.h. $P_3 = (3; 0; -2) \in g_2$,
   $x_4 = 5 \Rightarrow y_4 = 1 \Rightarrow z_4 = 1$, d.h. $P_4 = (5; 1; 1) \in g_2$.

   Es folgt $g_2 : \mathbf{x} = \begin{pmatrix}3\\0\\-2\end{pmatrix} + \lambda\begin{pmatrix}2\\1\\3\end{pmatrix}$ ist eine mögliche Parameterdarstellung der Geraden g_2.

   Parameterdarstellung von $g_1 : \mathbf{x} = \begin{pmatrix}-1\\4\\5\end{pmatrix} + \mu\begin{pmatrix}2\\0\\1\end{pmatrix}$

   Berechnung möglicher Schnittgebilde von g_1 und g_2 führt zu

   $$\begin{array}{rcrcr} 2\mu & - & 2\lambda & = & 4 \\ & - & \lambda & = & -4 \\ \mu & - & 3\lambda & = & -7. \end{array}$$

   Das System ist unlösbar, und weil $\begin{pmatrix}2\\1\\3\end{pmatrix} = k\begin{pmatrix}2\\0\\1\end{pmatrix}$ für kein $k \in \mathbb{R}$ gilt, sind die Richtungsvektoren von g_1, g_2 nicht parallel, und somit sind die Geraden windschief.

6. $g : \mathbf{x} = \begin{pmatrix}1\\3\\5\end{pmatrix} + \lambda\begin{pmatrix}-3\\3\\3\end{pmatrix}$, $\lambda \in \mathbb{R}$ bzw. $\begin{pmatrix}x-1\\y-3\\z-5\end{pmatrix} \times \begin{pmatrix}-3\\3\\3\end{pmatrix} = \mathbf{0}$

bzw. $\frac{x-1}{-3} = \frac{y-3}{3} = \frac{z-5}{3}$.

Durchstoßpunkt D durch die x, y-Ebene: $d_3 = 0$, wenn $\lambda = -\frac{5}{3}$ und somit $D = (6; -2; 0)$.
Die Projektion g' von g in die x, y-Ebene:

$$g' : \mathbf{x} = \begin{pmatrix} 6 \\ -2 \\ 0 \end{pmatrix} + t \begin{pmatrix} -3 \\ 3 \\ 0 \end{pmatrix}, \quad t \in \mathbb{R}.$$

7. Hilfsebene E mit $Q \in E$ und $\mathbf{n} = \mathbf{v}$ ergibt $\begin{pmatrix} 3 \\ -4 \\ 2 \end{pmatrix} \cdot \begin{pmatrix} x-4 \\ y-3 \\ z-4 \end{pmatrix} = 0 \Rightarrow$
$3x - 4y + 2z - 8 = 0$.
$g \cap E$: Einsetzen von g in E : $29t - 58 = 0$, d.h. $t_s = 2$, $S = (2; 1; 3)$.
$\varrho = |FQ| = |(2; 2; 1)| = 3$.

8. a) $S = (0; 3; 1)$, Schnittwinkel $\varphi \approx 116,98°$ (bzw. $\approx 63,02°$).
b) Die Geraden sind identisch.
c) Die Geraden sind parallel.
d) Die Geraden sind windschief. Der kürzeste Abstand beträgt $\varrho = \frac{44}{\sqrt{401}} \approx 2,2$.

9. Ansatz: $(\mathbf{p}_2 - \mathbf{p}_1) = \lambda(\mathbf{p}_3 - \mathbf{p}_1)$
Für $y_3 = 5$ und $z_3 = -3$ liegen die Punkte auf einer Geraden.

10. a) $\mathbf{x} = (1; 0; 1)^T + r(0; 4; -1)^T + s(-3; 1; -2)^T; r, s \in \mathbb{R}$,
$-7x + 3y + 12z - 5 = 0$.
b) $\mathbf{x} = (2; -2; 1)^T + r(-2; 2; 4)^T + s(-2; -2; -1)^T; r, s \in \mathbb{R}$,
$3x - 5y + 4z - 20 = 0$.
c) $3x - y + 2z - 14 = 0$ und z.B. $B = (0; 0; 7) \in E$ und $C = (0; -14; 0) \in E$.
Damit folgt $\mathbf{x} = (4; -6; -2)^T + r(-4; 6; 9)^T + s(-4; -8; 2)^T; r, s \in \mathbb{R}$.
d) $\mathbf{x} = (1; 2; 3)^T + r(1; 1; -2)^T + s(1; -4; -1)^T; r, s \in \mathbb{R}$,
$-9x - y - 5z + 26 = 0$.

11. Normalenvektor: $\mathbf{n} = (1; 1; 1)^T$.
Fußpunkt des Lotes von P auf E: $F = (1; -2; 3)$ für $t_F = -1$.
Abstand des Punktes P von E: $\varrho = \sqrt{3} \approx 1,73$.
Durchstoßpunkt g durch E: $D = (5; -7; 4)$ für $t_D = 2$.
Schnittwinkel φ : $\sin \varphi = \frac{\sqrt{6}}{7}$; $\varphi = 20,48°$.

12. $\mathbf{n}_1 = (12; 12; 36)^T$ bzw. $\mathbf{n}_1' = (1; 1; 3)^T, \mathbf{n}_2 = (5; -12; 1)^T$
$\varphi = \measuredangle(\mathbf{n}_1', \mathbf{n}_2) = \arccos \frac{-4}{\sqrt{11}\sqrt{170}} \approx 95,3°$.

13. a) $E_1 || E_2$, wenn $\mathbf{n}_1 = k\mathbf{n}_2$, und das gilt für $a = -2$ und $b = 0$.
b) $E_1 \perp E_2$, wenn $\mathbf{n}_1 \perp \mathbf{n}_2$, d.h. $\mathbf{n}_1 \cdot \mathbf{n}_2 = 0$.
Das gilt für $a = \frac{1}{2}$ und b beliebig.
Gleichung der Schnittgeraden: $\mathbf{x} = (\frac{16}{15}; 0; \frac{37}{15})^T + t(0; 1; 0)^T, t \in \mathbb{R}$.

14. Richtungsvektor $\mathbf{v}$ der Schnittgeraden
$\mathbf{v} = \mathbf{n}_1 \times \mathbf{n}_2 = (-\frac{11}{3}; \frac{11}{6}; -\frac{11}{2})^T$ bzw. $\mathbf{v}' = -\frac{6}{11}\mathbf{v} = (2; -1; 3)^T$,
$\mathbf{n}_3 = (14; 7; -7)^T$ bzw. $\mathbf{n}_3' = (2; 1; -1)$.
Weil $\mathbf{v}' \cdot \mathbf{n}_3' = 0$, gilt $\mathbf{v}' \perp \mathbf{n}_3'$, und somit verläuft die Schnittgerade parallel zu E_3.

15. Die 3 Ebenen besitzen kein gemeinsames Schnittgebilde, denn es sind E_2 und E_3 parallel (weil $\mathbf{n}_2 \parallel \mathbf{n}_3$), und beide werden von E_1 rechtwinklig geschnitten ($\mathbf{n}_1 \cdot \mathbf{n}_2 = 0$ und $\mathbf{n}_1 \cdot \mathbf{n}_3 = 0$).

16. Gleichung des Lotes: $\mathbf{x} = (2; 3; 1)^T + t(1; 2; -1)^T,\ t \in \mathbb{R}$.
Fußpunkt F des Lotes: $F = (1; 1; 2)$. Beispielsweise gilt $B = (0; 1; 1) \in E$.
Gerade g durch F und B verläuft in $E : \mathbf{x} = (1; 1; 2)^T + s(-1; 0; -1)^T$, $s \in \mathbb{R},\ P_0' = (0; -1; 3)$.

17. a) $\mathbf{n}_1 = (-6; 4; -10)^T, \mathbf{n}_2 = (+5; 0; -5)^T$,
$\mathbf{n}_1$ und $\mathbf{n}_2$ sind nicht parallel, $\varphi = \measuredangle(\mathbf{n}_1, \mathbf{n}_2) \approx 76,74°$.
b) Normalengleichung von E_2: $x - z - 2 = 0; P_1 \in E_2, P_2 \notin E_2$.
c) $\mathbf{x} = (0; 0; -2) + t(1; 0; -1)^T$.
d) Durchstoßpunkt: $D = (-10; 0; 8)$.

18. Die Lösung des aus den drei Ebenengleichungen bestehenden linearen Gleichungssystems führt z.B. auf folgende Darstellung:

x	y	z	1
1	3	-1	-1
-2	λ	4	$\mu + 1$
-3	-4	2	3
0	$6 + \lambda$	2	$\mu - 1$
0	5	$\mathbf{-1}$	0
0	$\mathbf{16 + \lambda}$	0	$\mu - 1$

Daraus folgt: Wenn $\lambda \neq -16$, dann existiert genau eine Lösung, d.h., die 3 Ebenen schneiden sich in genau einem Punkt. Wenn $\lambda = -16$ und $\mu = 1$, dann existieren unendlich viele Lösungen, erzeugt durch einen frei wählbaren Parameter, d.h., in diesem Falle existiert eine gemeinsame Schnittgerade der drei Ebenen. Für $\lambda = -16$ und $\mu \neq 1$ ist das System unlösbar. In diesem Falle schneiden sich die drei Ebenen paarweise in zueinander parallelen Schnittgeraden.

19. a) $S = (-20,5; 2; -10)$.
b) Für $\lambda = 3$ und $\mu \neq -14$ gibt es keinen allen drei Ebenen gemeinsamen Punkt. Für $\lambda = 3$ und $\mu = -14$ existiert eine Schnittgerade.
c) Schnittgerade $\mathbf{x} = (-\frac{13}{8}; -\frac{5}{2}; 0)^T + t(\frac{15}{8}; -\frac{1}{2}; 1)^T, t \in I\!R$.

20. $E: \mathbf{x} = (-1; -5; 0)^T + s(5; 7; -3)^T + t(2; 1; -3)^T; s, t \in I\!R$
bzw. $2x - y + z - 3 = 0$.
Hesse-Form: $\frac{2}{\sqrt{6}}x - \frac{1}{\sqrt{6}}y + \frac{1}{\sqrt{6}}z - \frac{3}{\sqrt{6}} = 0$.
Abstand ϱ des Nullpunktes von der Ebene: $\varrho = \frac{1}{2}\sqrt{6} \approx 1,225$.
Gleichung des Lotes: $\mathbf{x} = \lambda(2; -1; 1)^T, \lambda \in I\!R$.

21. $\mathbf{n}_1^\circ = (\frac{2}{\sqrt{17}}; -\frac{2}{\sqrt{17}}; \frac{3}{\sqrt{17}})^T$ Normaleneinheitsvektor von E_1.
Hesse-Form von E_1: $\frac{2}{\sqrt{17}}x - \frac{2}{\sqrt{17}}y + \frac{3}{\sqrt{17}}z - \frac{10}{\sqrt{17}} = 0$.
Abstand ϱ des Punktes Q von E_1: $\varrho = \frac{1}{\sqrt{17}} \approx 0,2425$.
Gerade g durch A und B: $\mathbf{x} = (4; 2; 0)^T + \lambda(2; 1; -1)^T, \lambda \in I\!R$.
Durchstoßpunkt von g durch E_1: $D = (-8; -4; 6)$.
Schnittwinkel $\varphi = \measuredangle(E_1, E_2) = \measuredangle(\mathbf{n}_1, \mathbf{n}_2) = \arccos \frac{3}{\sqrt{17}\sqrt{3}} \approx 65,16°$.

22. a) Fußpunkt F des Lotes von P_0 auf E: $F = (1; 1; 2)$.
Lotgleichung: $\mathbf{x} = \mathbf{p_0} + \lambda\mathbf{P_0F} = (2; 3; 1)^T + \lambda(-1; -2; 1), \lambda \in I\!R$.
Für $\lambda = 2$: $P_0' = (0; -1; 3)$.
b) Analog zu a): $F = (-1; 2; -2), P_0' = (-5; -2; 2)$.

23. a) $E_1: \mathbf{x} = (0; 0; 2)^T + s(1; 0; 8)^T + t(0; 1; 4)^T; s, t \in I\!R$.
b) Abstand $\varrho(g_2/E_1) \widehat{=}$ Abstand $\varrho(C/E_1)$.
Hesse-Form von E_1: $-\frac{8}{9}x - \frac{4}{9}y + \frac{1}{9}z - \frac{2}{9} = 0$ und $\varrho = (E_1, C) = 3$.
c) $\mathbf{n}_1 = (-8; -4; 1)^T, \mathbf{n}_2 = (4; -4; -2)^T; \varphi = \measuredangle(E_1, E_2) \approx 109,47°$.
d) $D = (3; \frac{1}{4}; 0)$.
e) Abstand $\varrho(D/E_1) = 3$.

24. a) Lichtstrahl: $\mathbf{x} = (1; 2; 4)^T + t(0; 0; -1)^T; t \in I\!R$,
Durchstoßpunkt des Lichtstrahls durch E: $A = (1; 2; 1)$.
b) Lichtstrahl in M_2: $\mathbf{x} = (1; 2; 1)^T + s(1; 1; -4)$.
c) $\cos\alpha_1 = \frac{1}{\sqrt{3}}$; $\cos\alpha_2 = \frac{6}{\sqrt{18}\sqrt{3}} = \frac{\sqrt{6}}{3}$,
$\sin\alpha_1 : \sin\alpha_2 = \sqrt{1 - \frac{1}{3}} : \sqrt{1 - \frac{6}{9}} = \sqrt{2} : 1$.

25. $\mathbf{v}^T = (-2; 1; 3) \Rightarrow (\overline{x}, \overline{y}, \overline{z})^T = (x; y; z)^T - (-2; 1; 3)$.

26. $\mathbf{v}^T = (2; 1; 3) \Rightarrow (\overline{x}, \overline{y}, \overline{z})^T = (x; y; z)^T - (2; 1; 3)$.
Im neuen System gilt: $B = (2; 2; 2)$, $C = (-4; 2; 1)$.

27. *Bemerkung*: Man beachte, daß Vektoren, die z.B. in einer Geraden- oder Ebenengleichung die Bedeutung eines Richtungsvektors haben, bei einer Parallelverschiebung diese Bedeutung (und somit ihre Koordinaten) beibehalten.
a) Gerade: $(\overline{x}, \overline{y}, \overline{z})^T = (1; 3; 1)^T + t(4; 1; 3)^T$,
b) Ebene: $4\overline{x} + 3\overline{y} - 2\overline{z} + 3 = 0$,
c) Ebene: $(\overline{x}, \overline{y}, \overline{z})^T = (2; 0; -1)^T + r(3; 0; 5)^T + s(-2; 1; 2)^T$.

28. a) $P_0 = (\frac{3}{2}\sqrt{3} - \frac{1}{2}; -\frac{3}{2} - \frac{1}{2}\sqrt{3}) \approx (2{,}098; -2{,}366)$ im gedrehten System,
b) $P_0 = (-\sqrt{2}; 3\sqrt{2}) \approx (-1{,}414; 4{,}243)$ im gedrehten System.

29. Aus der Abb. 5.23 folgt:
$\tan\varphi = 2; \varphi \approx 63{,}43°$
(oder $\varphi = -(360° - 63{,}43°)$)
und $P_0 = (\sqrt{20}; 0)$ im neuen System.

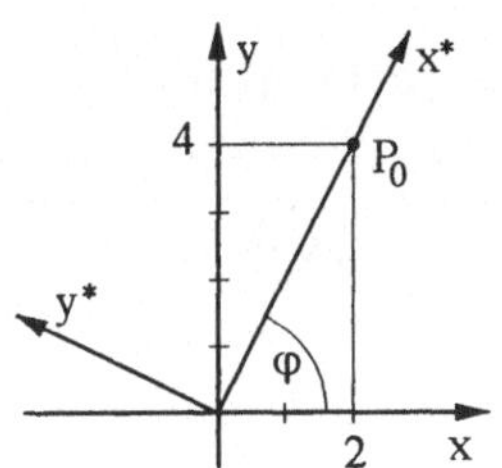

Abb. 5.23

Zum gleichen Ergebnis für P_0 gelangt man auch durch
$$\begin{pmatrix} x^* \\ y^* \end{pmatrix} = \begin{pmatrix} \cos 63{,}43° & \sin 63{,}43° \\ -\sin 63{,}43° & \cos 63{,}43° \end{pmatrix} \cdot \begin{pmatrix} 2 \\ 4 \end{pmatrix} = \begin{pmatrix} 4{,}472 \\ 0 \end{pmatrix}.$$

30. $\begin{pmatrix} x \\ y \end{pmatrix} = \begin{pmatrix} \frac{1}{2}\sqrt{2} & -\frac{1}{2}\sqrt{2} \\ \frac{1}{2}\sqrt{2} & \frac{1}{2}\sqrt{2} \end{pmatrix} \cdot \begin{pmatrix} x^* \\ y^* \end{pmatrix}$. Einsetzen in $y = 2x - 3\sqrt{2}$ ergibt

$\frac{1}{2}\sqrt{2}x^* + \frac{1}{2}\sqrt{2}y^* = 2(\frac{1}{2}\sqrt{2}x^* - \frac{1}{2}\sqrt{2}y^*) - 3\sqrt{2}$, also $y^* = \frac{1}{3}x^* - 2$.

31. a) $\begin{pmatrix} x \\ y \end{pmatrix} = \begin{pmatrix} \frac{1}{2} & -\frac{1}{2}\sqrt{3} \\ \frac{1}{2}\sqrt{3} & \frac{1}{2} \end{pmatrix} \cdot \begin{pmatrix} x^* \\ y^* \end{pmatrix}$.
Einsetzen in die Geradengleichung führt zu $y^* = 3$; die Gerade verläuft im gedrehten System parallel zur x^*-Achse.
b) $\begin{pmatrix} x \\ y \end{pmatrix} = \begin{pmatrix} \frac{1}{2}\sqrt{3} & \frac{1}{2} \\ -\frac{1}{2} & \frac{1}{2}\sqrt{3} \end{pmatrix} \cdot \begin{pmatrix} x^* \\ y^* \end{pmatrix}$.
Einsetzen in die Geradengleichung führt zu $x^* = -3$; die Gerade verläuft im gedrehten System parallel zur y^*-Achse.

32. Für das Nacheinanderausführen einer Parallelverschiebung mit dem Schiebungsvektor $\mathbf{v} = (v_1, v_2)^T$ und einer Drehung um den Winkel φ gilt:

$$\begin{pmatrix} x^* \\ y^* \end{pmatrix} = \begin{pmatrix} \cos\varphi & \sin\varphi \\ -\sin\varphi & \cos\varphi \end{pmatrix} \cdot \begin{pmatrix} x - v_1 \\ y - v_2 \end{pmatrix}.$$

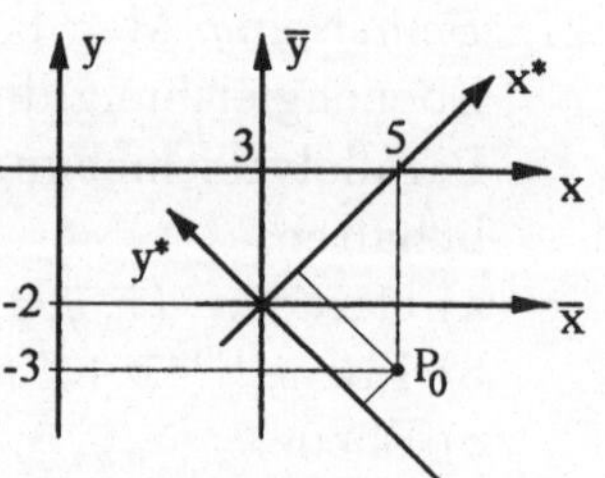

Abb. 5.24

Für $\mathbf{v} = (3; -2)^T$ und $\varphi = 45°$ folgt $P_0 = (\frac{1}{2}\sqrt{2}; -\frac{3}{2}\sqrt{2})$ im x^*, y^*-Koordinatensystem (Abb. 5.24).

33. Für das Nacheinanderausführen einer Parallelverschiebung mit $\mathbf{v} = (2\sqrt{3}; -1)^T$ und einer Drehung mit $\varphi = 30°$ gilt:

$$\begin{pmatrix} x \\ y \end{pmatrix} = \begin{pmatrix} \frac{1}{2}\sqrt{3} & -\frac{1}{2} \\ \frac{1}{2} & \frac{1}{2}\sqrt{3} \end{pmatrix} \cdot \begin{pmatrix} x^* \\ y^* \end{pmatrix} + \begin{pmatrix} 2\sqrt{3} \\ -1 \end{pmatrix},$$ und durch Einsetzen von x, y in die Geradengleichung erhält man $y^* = \frac{1}{\sqrt{3}}x^* + \frac{2}{\sqrt{3}}$.

34. Die beschriebene Transformation entspricht dem Nacheinanderausführen einer Parallelverschiebung mit $\mathbf{v} = (2; 0)^T$ und einer Drehung um $\varphi_1 = 45°$ oder $\varphi_2 = -135°$ (vgl. Abb. 5.25a u. 5.25b).

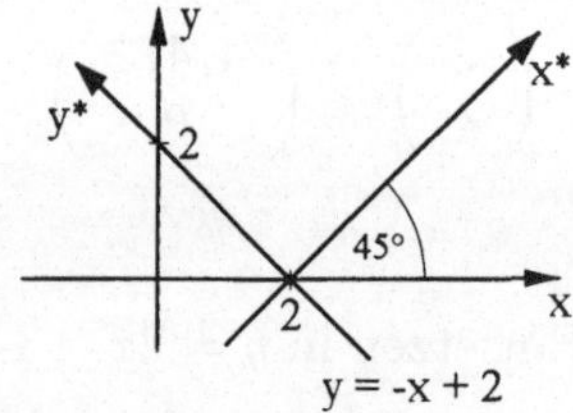

Abb. 5.25a

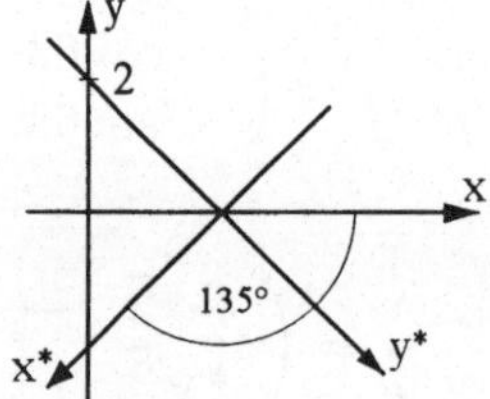

Abb. 5.25b

Die Transformationsgleichungen lauten für φ_1:

$$\begin{pmatrix} x^* \\ y^* \end{pmatrix} = \begin{pmatrix} \frac{1}{2}\sqrt{2} & \frac{1}{2}\sqrt{2} \\ -\frac{1}{2}\sqrt{2} & \frac{1}{2}\sqrt{2} \end{pmatrix} \cdot \begin{pmatrix} x - 2 \\ y \end{pmatrix},$$

oder für φ_2:

$$\begin{pmatrix} x^* \\ y^* \end{pmatrix} = \begin{pmatrix} -\frac{1}{2}\sqrt{2} & \frac{1}{2}\sqrt{2} \\ -\frac{1}{2}\sqrt{2} & -\frac{1}{2}\sqrt{2} \end{pmatrix} \cdot \begin{pmatrix} x - 2 \\ y \end{pmatrix}.$$

35. a) $R = \overline{0P_0} = \sqrt{64+36} = 10;\ x^2 + y^2 = 100.$

b) $3(x^2 - x) + 3(y^2 + \frac{4}{3}y) = 0$; die quadratische Ergänzung $3(x-\frac{1}{2})^2 + 3(y+\frac{2}{3})^2 = \frac{3}{4} + \frac{4}{3}$ führt zu $(x-\frac{1}{2})^2 + (y+\frac{2}{3})^2 = \frac{25}{36}$ mit $R = \frac{5}{6}$.

c) $(x-3)^2 + (y-4)^2 = -25$, die Gleichung wird von keinem reellen Punkt erfüllt.

d) $(x-3)^2 + (y-4)^2 = -a_{00} + 9 + 16 = 36$, wenn $a_{00} = -11$.

36. Die Gleichung $(x - m_1)^2 + (y - m_2)^2 = R^2$ wird von den Punkten erfüllt, was das folgende (nicht-lineare) Gleichungssystem ergibt:

$$\begin{aligned}(2-m_1)^2 + (1-m_2)^2 = R^2 &\Rightarrow 4 - 4m_1 + 1 - 2m_2 = R^2 - m_1^2 - m_2^2\\ (3-m_1)^2 + (-2-m_2)^2 = R^2 &\Rightarrow 9 - 6m_1 + 4 + 4m_2 = R^2 - m_1^2 - m_2^2\\ (-4-m_1)^2 + (-1-m_2)^2 = R^2 &\Rightarrow 16 + 8m_1 + 1 + 2m_2 = R^2 - m_1^2 - m_2^2\end{aligned}$$

Durch paarweise Subtraktion (z.B. 2. Gleichung - 1. Gleichung und 3. Gleichung - 2. Gleichung) erhält man ein lineares Gleichungssystem, z.B.

$8 - 2m_1 + 6m_2 = 0$

$4 + 14m_1 - 2m_2 = 0$

mit der Lösung $m_1 = -\frac{1}{2}, m_2 = -\frac{3}{2}$. Durch Einsetzen in das Ausgangssystem ergibt sich $R^2 = \frac{25}{2}$, also lautet die Kreisgleichung $(x+\frac{1}{2})^2 + (y+\frac{3}{2})^2 = \frac{25}{2}$ bzw. $x^2 + y^2 + x + 3y - 10 = 0$.

37. Dem Radius R entspricht der Abstand des Punktes M von der Geraden: Hessesche Normalform der Geraden $\frac{3x+4y-26}{\sqrt{25}} = 0$, und M eingesetzt ergibt $R = \left|\frac{9-8-26}{\sqrt{25}}\right| = 5$ und somit die Kreisgleichung $(x-3)^2 + (y+2)^2 = 25$.
Tangente in $P_0 = (x_0, y_0)$: $(x-3)(x_0-3) + (y+2)(y_0+2) = 25$ bzw. $(x_0 - 3)x + (y_0 + 2)y + 2y_0 - 3x_0 - 12 = 0$, und durch Vergleich mit $3x + 4y - 26 = 0$ folgt $x_0 = 6$ und $y_0 = 2$, d.h., $P_0 = (6;2)$ ist der gesuchte Berührungspunkt.

38. Für $x = 5$ ergibt sich $9 + (y+1)^2 = 25$, d.h. $y = 3$ oder $y = -5$ und somit die Punkte $P_{01} = (5;3)$ und $P_{02} = (5;-5)$.
Tangente in P_{01} : $(5-2)(x-2) + (3+1)(y+1) = 25$ bzw. $3x + 4y - 27 = 0$.
Tangente in P_{02} : $(5-2)(x-2) + (-5+1)(y+1) = 25$ bzw. $3x - 4y - 35 = 0$.
Anstieg der 1. Tangente $\tan\varphi_1 = -\frac{3}{4}$, der 2. Tangente $\tan\varphi_2 = \frac{3}{4}$. Für den Schnittwinkel φ gilt: $\tan\varphi = \frac{\frac{3}{4}-(-\frac{3}{4})}{1-\frac{9}{16}} = \frac{24}{7}$ und somit $\varphi \approx 73,74°$.

39. Anstieg der Tangenten entspricht dem Anstieg der Geraden: $m_T = -\frac{4}{3}$. Anstieg der Normalen: $m_N = -\frac{1}{m_T} = \frac{3}{4}$. Gleichung der Normalen (die durch den Mittelpunkt gehen muß): $y = \frac{3}{4}x$.

Schnittpunkte zwischen der Normalen und dem Kreis: $y = \frac{3}{4}x$ einsetzen in die Kreisgleichung ergibt $x^2 + \frac{9}{16}x^2 = 100$ und schließlich $x_1 = -8$, $x_2 = 8$ und $y_1 = -6$, $y_2 = 6$, d.h., $P_1 = (-8; -6)$ und $P_2 = (8; 6)$ sind die gesuchten Berührungspunkte.
Tangente in P_1: $y = -\frac{4}{3}x - \frac{50}{3}$,
Tangente in P_2: $y = -\frac{4}{3}x + \frac{50}{3}$.

40. Mittelpunktsgleichung des Kreises $(x+1)^2 + (y-2)^2 = 25$.
Polare von P_0 : $(x+1)(6+1) + (y-2)(1-2) = 25$ bzw. $y = 7x - 16$.
Schnittpunkte der Polaren mit dem Kreis bzw. Berührungspunkte der von P_0 an den Kreis gelegten Tangenten: $P_1 = (2; -2)$, $P_2 = (3; 5)$.
Tangente in P_1 (und durch P_0): $3x - 4y - 14 = 0$,
Tangente in P_2 (und durch P_0): $4x + 3y - 27 = 0$.

41. a) $(y+2)^2 = 2 \cdot 4(x-3)$ bzw. $y^2 + 4y - 8x + 28 = 0$,
b) $(x-3)^2 = -2 \cdot 4(y+2)$ bzw. $x^2 - 6x + 8y + 25 = 0$.

42. a) $y^2 - 6y + 9 = 6x + 6 \Rightarrow (y-3)^2 = 6(x+1)$. $S = (-1; 3)$ ist der Scheitelpunkt, $p = 3$ der Halbparameter, die Parabel ist nach rechts geöffnet.
b) $(x-5)^2 = 8(y+3), S = (5; -3), p = 4$, die Parabel ist nach oben geöffnet.
c) $(y+2)^2 = -5(x-2), S = (2; -2), p = 2,5$, die Parabel ist nach links geöffnet.
d) $(x+3)^2 = -4(y+4), S = (-3; -4), p = 2$, die Parabel ist nach unten geöffnet.
e) $(y-1)^2 = -6(x+2), S = (-2; 1), p = 3$, die Parabel ist nach links geöffnet.

43. a) Ansatz: $x^2 = -2py$, $P_0 = (50; -10) \Rightarrow 2500 = -2p \cdot (-10)$ und $p = 125 \Rightarrow x^2 = -250y$.
b) Ansatz: $(\overline{x} - s_1)^2 = -2p(\overline{y} - s_2), S = (50; 10) \Rightarrow (\overline{x} - 50)^2 = -2p(\overline{y} - 10)$. Da $(0; 0)$ oder $(100; 0)$ Parabelpunkte sind, folgt $2500 = -2p(-10) \Rightarrow p = 125$ (trivial, da sich gegenüber a) am Halbparameter nichts ändern kann). Es ergibt sich $(\overline{x} - 50)^2 = -250((\overline{y} - 10)$ bzw. $\overline{x}^2 - 100\overline{x} + 250\overline{y} = 0$ (Abb. 5.26).

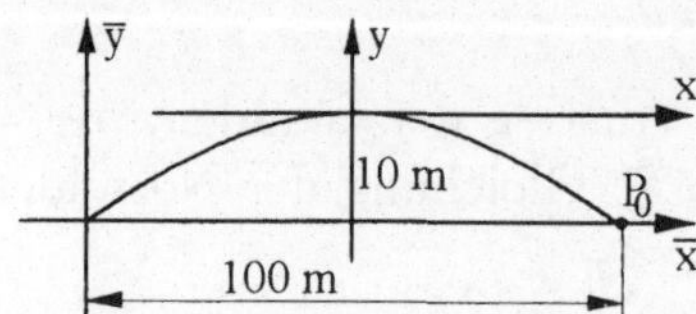

Abb. 5.26

44. a) Scheitelpunktsgleichung: $(x+1)^2 = -2(y-3)$. Für $x_0 = 3$ folgt $y_0 = -5$. Tangentengleichung in $P_0 : (x+1)(3+1) = -(y-5-6) \Rightarrow 4x+y-7=0$ bzw. $y = -4x+7$.
b) Scheitelpunktsgleichung: $(y-3)^2 = 24(x-4)$. Für $y_0 = 15$ folgt $x_0 = 10$. Tangentengleichung in $P_0 : (y-3)(15-3) = 12(x+10-8) \Rightarrow y-x-5=0$ bzw. $y = x+5$.

45. a) Polare von $P_0 : 4x = 2(y+3) \Rightarrow y = 2x-3$. Schnittpunkte der Polaren mit der Parabel: $P_1 = (6;9), P_2 = (2;1)$. Tangente in $P_1 : 3x-y-9=0$ bzw. $y = 3x-9$. Tangente in $P_2 : x-y-1=0$ bzw. $y = x-1$.
b) Polare von $P_0 : 2x = 4(y-4) \Rightarrow y = \frac{x}{2}+4$. Schnittpunkte der Polaren mit der Parabel: $P_1 = (8;8), P_2 = (-4;2)$. Tangente in $P_1 : 2x-y-8=0$ bzw. $y = 2x-8$. Tangente in $P_2 : x+y+2=0$ bzw. $y = -x-2$.

46. a) $9(x^2+4x)+16(y^2-2y) = 92$ und durch quadratische Ergänzung $9(x+2)^2+16(y-1)^2 = 144 \Rightarrow \frac{(x+2)^2}{16}+\frac{(y-1)^2}{9} = 1$. Das ist eine Ellipse mit dem Mittelpunkt $M = (-2;1)$, der Hauptachse $2a = 8$ und der Nebenachse $2b = 6$.
b) $\frac{(x-2)^2}{25}-\frac{(y+1)^2}{16} = 1$, Hyperbel (links/rechts geöffnet), Mittelpunkt $M = (2;-1)$, Hauptachse $2a = 10$ und Nebenachse $2b = 8$. Asymptotengleichungen: $y+1 = \pm\frac{4}{5}(x-2)$ bzw. $y = \frac{4}{5}x-\frac{13}{5}$ und $y = -\frac{4}{5}x+\frac{3}{5}$.
c) $\frac{(y+3)^2}{36}-\frac{(x-1)^2}{9} = 1$, (nach unten/oben geöffnete) Hyperbel, Mittelpunkt $M = (1;-3)$, Hauptachse $2b = 12$, Nebenachse $2a = 6$.
Asymptotengleichungen: $y+3 = \pm\frac{6}{3}(x-1)$ bzw. $y = 2x-5$ und $y = -2x-1$.
d) $(y+2)^2 = 4(x-3)$, eine nach rechts geöffnete Parabel, Scheitelpunkt $S = (3;-2)$, Halbparameter $p = 2$.
e) $(x-3)^2 = 6(y-1)$, eine nach oben geöffnete Parabel, Scheitelpunkt $S = (3;1)$, Halbparameter $p = 3$.

47. a) $M = (0;0), b = 4$ und folglich $\frac{x^2}{a^2}+\frac{y^2}{16} = 1$. P_1 einsetzen ergibt $\frac{1}{a^2} = 1$, d.h. $a^2 = 1$, und somit lautet die Ellipsengleichung $x^2+\frac{y^2}{16} = 1$. Hauptscheitelpunkte: $S_1 = (0;4), S_2 = (0;-4)$, Nebenscheitelpunkte: $S_3 = (1;0)$ und $S_4 = (-1;0)$.
b) Ansatz wie bei a) $\frac{16}{a^2}+\frac{12}{16} = 1$, d.h. $a^2 = 64$, und somit $\frac{x^2}{64}+\frac{y^2}{16} = 1$. Hauptscheitelpunkte: $S_3 = (8;0)$ und $S_4 = (-8;0)$, Nebenscheitelpunkte: $S_1 = (0;4)$ und $S_2 = (0;-4)$.
c) Ansatz wie bei a). P_3 einsetzen ergibt $\frac{1}{a^2}+\frac{100}{16} = 1$, das ist für kein $a \in \mathbb{R}$ lösbar. Es gibt keine Ellipse, die die Bedingungen erfüllt.

48. P_1 und P_2 in $\frac{x^2}{a^2}+\frac{y^2}{b^2}$ eingesetzt ergibt das Gleichungssystem: $\frac{81}{a^2}+\frac{64}{b^2}=1$ und $\frac{144}{a^2}+\frac{36}{b^2}=1$ mit den Lösungen $a^2=225$ und $b^2=100$. Ellipsengleichung: $\frac{x^2}{225}+\frac{y^2}{100}=1$. Hauptscheitelpunkte: $S_1=(15;0)$, $S_2=(-15;0)$, Nebenscheitelpunkte: $S_3=(0;10)$ und $S_4=(0;-10)$.

49. Ansatz: $\frac{(x-8)^2}{a^2}+\frac{(y-4)^2}{b^2}=1$. Die Berührung der y-Achse erfolgt im Scheitelpunkt $S_1=(0;4)$, es ist $S_2=(16;4)$ und $a=8$, also $\frac{(x-8)^2}{64}+\frac{(y-4)^2}{b^2}=1$. P_0 eingesetzt ergibt $\frac{16}{64}+\frac{\frac{3}{4}}{b^2}=1$ bzw. $b^2=1$. Ellipsengleichung: $\frac{(x-8)^2}{64}+(y-4)^2=1$. S_1 und S_2 sind die Hauptscheitelpunkte und $S_3=(8;3)$ und $S_4=(8;5)$ die Nebenscheitelpunkte.

50. a) $a=5, b=4$, d.h. $e=\sqrt{25-16}=3$. Es sind $F_1=(-3;0)$ und $F_2=(3;0)$ die Brennpunkte. $x_0=-4$ in die Ellipsengleichung eingesetzt ergibt $y_0=-\frac{12}{5}$.
$\overline{P_0F_1}=\sqrt{(-4-(-3))^2+(-\frac{12}{5}-0)^2}=\sqrt{1+\frac{144}{25}}=\sqrt{\frac{169}{25}}=\frac{13}{5}$,
$\overline{P_0F_2}=\sqrt{(-4-3)^2+\frac{144}{25}}=\sqrt{\frac{1369}{25}}=\frac{37}{5}$. Folglich ist
$\overline{P_0F_1}+\overline{P_0F_2}=\frac{50}{5}=10=2a$.
b) $a=1, b=3$, d.h. $e=\sqrt{9-1}=2\sqrt{2}$. Da $M=(-2,5;0)$, sind $F_1=(-2,5;2\sqrt{2})$ und $F_2=(-2,5;-2\sqrt{2})$ die Brennpunkte (es ist $2b=6$ die Hauptachse). $x_0=-2$ in die Ellipsengleichung eingesetzt ergibt $y_0=\frac{3}{2}\sqrt{3}$.
$\overline{P_0F_1}=\sqrt{(-2-(-2,5))^2+(\frac{3}{2}\sqrt{3}-2\sqrt{2})^2}=\sqrt{15-6\sqrt{6}}$,
$\overline{P_0F_2}=\sqrt{15+6\sqrt{6}}$,
$\overline{P_0F_1}+\overline{P_0F_2}=\sqrt{15-6\sqrt{6}}+\sqrt{15+6\sqrt{6}}=\sqrt{(\sqrt{15-6\sqrt{6}}+\sqrt{15+6\sqrt{6}})^2}$
$=\sqrt{(15-6\sqrt{6})+2\sqrt{225-216}+(15+6\sqrt{6})}=\sqrt{36}=6=2b$.

51. a) Ellipsengleichung: $\frac{x^2}{9}+\frac{y^2}{4}=1$;
Tangentengleichung in P_0: $\frac{1\cdot x}{9}+(-\frac{4}{3}\sqrt{2})\cdot\frac{y}{4}=1$ bzw. $x-3\sqrt{2}y-9=0$.
b) $4(x^2-8x)+25(y^2-6y)=-189$ und durch quadratische Ergänzung $4(x-4)^2+25(y-3)^2=100$ bzw. $\frac{(x-4)^2}{25}+\frac{(y-3)^2}{4}=1$;
Tangentengleichung in P_0:
$\frac{(1-4)(x-4)}{25}+\frac{(\frac{7}{5}-3)(y-3)}{4}=1$ bzw. $3x+10y-17=0$.

52. $x=4$ in die Ellipsengleichung eingesetzt ergibt $y=\pm\frac{12}{5}$, also $P_1=(4;\frac{12}{5})$ und $P_2=(4;-\frac{12}{5})$.
Tangente in P_1: $\frac{4x}{25}+\frac{12y}{5\cdot 16}=1$ bzw. $16x+15y-100=0$.
Tangente in P_2: $16x-15y-100=0$.

53. Anstieg der Geraden: $m_g = \frac{15}{16}$. Gleichung der Tangente in $P_0 = (x_0; y_0)$: $y = -\frac{25x_0}{16y_0}x + \frac{25}{y_0}$ mit dem Tangentenanstieg: $m_T = -\frac{25x_0}{16y_0}$. Aus $m_G = m_T$ folgt $y_0 = -\frac{5}{3}x_0$. Eingesetzt in die Ellipsengleichung: $\frac{x_0^2}{16} + \frac{25x_0^2}{9 \cdot 25} = 1$ mit $x_{01} = \frac{12}{5}, x_{02} = -\frac{12}{5}$ und $y_{01} = -4$ und $y_{02} = 4$. Tangente in P_{01} : $15x - 16y - 100 = 0$. Tangente in P_{02} : $15x - 16y + 100 = 0$.

54. a) Polare von P_0 : $\frac{21}{5} \cdot \frac{x}{9} + (-\frac{4}{5})\frac{y}{16} = 1$ bzw. $3y = 28x - 60$, Schnittpunkte der Polaren mit der Ellipse $16x^2 + 9y^2 = 144$ durch Einsetzen der Polarengleichung: $16x^2 + 784x^2 - 3360x + 3600 = 0$ mit $x_1 = \frac{9}{5}$ und $x_2 = \frac{12}{5}$ sowie $y_1 = -\frac{16}{5}$ und $y_2 = \frac{12}{5}$.
Tangentengleichung in P_1 : $x - y - 5 = 0$.
Tangentengleichung in P_2 : $16x + 9y - 60 = 0$.
b) Ellipsengleichung: $4(x^2 - 10x) + 9(y^2 - 8y) = 656$, und durch quadratische Ergänzung erhält man $\frac{(x-5)^2}{225} + \frac{(y-4)^2}{100} = 1$. Polare von P_0 : $\frac{(-16-5)(x-5)}{225} + \frac{(6-4)(y-4)}{100} = 1$ bzw. $y = \frac{14}{3}x + \frac{92}{3}$. Schnittpunkte der Polaren mit der Ellipse: $\frac{(x-5)^2}{225} + \frac{1}{100}(\frac{14}{3}x + \frac{80}{3})^2 = 1$ bzw. $x^2 + 11x + 28 = 0$ ergibt $x_1 = -7$ und $x_2 = -4$ sowie $y_1 = -2$ und $y_2 = 12$. Tangentengleichung in P_1 : $8x + 9y + 74 = 0$. Tangentengleichung in P_2 : $x - 2y + 28 = 0$.

55. Da $S_1 = (0; 2)$, ist $S_2 = (0; -2)$ und somit $b = 2$. Ansatz der Hyperbelgleichung $-\frac{x^2}{a^2} + \frac{y^2}{4} = 1$. P_1 eingesetzt $\Rightarrow -\frac{16}{a^2} + \frac{8}{4} = 1$ und somit $a = 4$. Es ist $\frac{y^2}{4} - \frac{x^2}{16} = 1$ die Hyperbelgleichung, und es sind $y = \pm\frac{1}{2}x$ die Asymptotengleichungen. Die Hyperbel ist nach oben/unten geöffnet.

56. Da $M = (-4; 2)$ und $S_1 = (-1,5; 2)$, ist $S_2 = (-6,5; 2)$ und somit $a = 2,5$. Der Asymptotenanstieg ist $\frac{b}{a} = \frac{b}{2,5} = 2$ (wegen $y = 2x + 10$) und somit $b = 5$. Es ist $\frac{(x+4)^2}{6,25} - \frac{(y-2)^2}{25} = 1$ die Hyperbelgleichung und $y - 2 = -2(x+4)$ bzw. $y = -2x - 6$ die Gleichung der zweiten Asymptote. Die Hyperbel ist nach links/rechts geöffnet.

57. $x_{1/2} = -5 \Rightarrow \frac{25}{9} - \frac{y^2}{25} = 1 \Rightarrow y_{1/2} = \pm\frac{20}{3}$;
Tangente in $P_1 = (-5; \frac{20}{3})$: $\frac{-5x}{9} - \frac{20y}{3 \cdot 25} = 1 \Rightarrow 25x + 12y + 45 = 0$,
Tangente in $P_2 = (-5; -\frac{20}{3})$: $25x - 12y + 45 = 0$,
Normale in P_1 : $y - \frac{20}{3} = -\frac{9}{25} \cdot \frac{20}{3} \cdot \frac{1}{(-5)}(x + 5) \Rightarrow 36x - 75y + 680 = 0$,
Normale in P_2 : $36x + 75y + 680 = 0$.

58. Aus $x_0 = 4$ folgt $16 \cdot 16 - 9y_0^2 + 144 = 0$ und somit $y_0 = -\frac{20}{3}$.
Hyperbelgleichung: $-\frac{x^2}{9} + \frac{y^2}{16} = 1$;
Tangente in P_0 : $-\frac{4x}{9} - \frac{20}{3 \cdot 16}y = 1 \Rightarrow 16x + 15y + 36 = 0$.

59. Hyperbelgleichung: $\frac{x^2}{16} - \frac{y^2}{9} = 1$; Polare von P_0 : $\frac{3}{16}x - \frac{1}{16}y = 1$ bzw. $y = 3x - 16$. Schnittpunkte der Polaren mit der Hyperbel: $9x^2 - 16(3x-16)^2 - 144 = 0 \Rightarrow x^2 - \frac{512}{45}x + \frac{848}{27} = 0 \Rightarrow x_1 = \frac{20}{3}, x_2 = \frac{212}{45}$ und einsetzen in die Polarengleichung $\Rightarrow y_1 = 4, y_2 = -\frac{28}{15}$. $P_1 = (\frac{20}{3}; 4)$ und $P_2 = (\frac{212}{45}; -\frac{28}{15})$ sind die Berührungspunkte der gesuchten Tangenten.
Tangente in P_1 : $\frac{20}{3\cdot 16}x - \frac{4}{9}y = 1 \Rightarrow 15x - 16y - 36 = 0$,
Tangente in P_2 : $159x + 112y - 540 = 0$.

60. a) $\mathbf{A} = \begin{pmatrix} 3 & 1 \\ 1 & 3 \end{pmatrix}$; $\tilde{\mathbf{A}} = \begin{pmatrix} 3 & 1 & 0 \\ 1 & 3 & 0 \\ 0 & 0 & -8 \end{pmatrix}$; $\det \tilde{\mathbf{A}} = -64 < 0$, $\det \mathbf{A} = 8 > 0$,

d.h., es liegt eine Ellipsengleichung vor. Da $\det \mathbf{A} \neq 0$ und $\mathbf{a} = \mathbf{0}$, hat das System $\mathbf{A} \cdot \mathbf{m} = \mathbf{0}$ nur die Lösung $\mathbf{m} = \mathbf{0}$, d.h., der Mittelpunkt der Ellipse befindet sich im Koordinatenursprung - eine Parallelverschiebung entfällt.

Eigenwerte von $\mathbf{A}$: $|\mathbf{A} - \lambda \mathbf{E}| = \lambda^2 - 6\lambda + 8 = 0, \lambda_1 = 2$ und $\lambda_2 = 4$ oder $\lambda_1 = 4$ und $\lambda_2 = 2$. Zugehörige, normierte Eigenvektoren sind $\mathbf{c}_1 = (\frac{1}{\sqrt{2}}; -\frac{1}{\sqrt{2}})^T$ für $\lambda = 2$ und $\mathbf{c}_2 = (\frac{1}{\sqrt{2}}; \frac{1}{\sqrt{2}})^T$ für $\lambda = 4$. Je nach Reihenfolge sind

$$\mathbf{D}_1 = \frac{1}{\sqrt{2}} \begin{pmatrix} 1 & 1 \\ -1 & 1 \end{pmatrix}^{-1} = \frac{1}{\sqrt{2}} \begin{pmatrix} 1 & -1 \\ 1 & 1 \end{pmatrix} \text{ bzw.}$$

$$\mathbf{D}_2 = \frac{1}{\sqrt{2}} \begin{pmatrix} 1 & -1 \\ 1 & 1 \end{pmatrix}^{-1} = \frac{1}{\sqrt{2}} \begin{pmatrix} 1 & 1 \\ -1 & 1 \end{pmatrix}$$

zwei mögliche Drehmatrizen mit den Drehwinkeln $\varphi_1 = \frac{7\pi}{4}$ bzw. $\varphi_2 = \frac{\pi}{4}$.

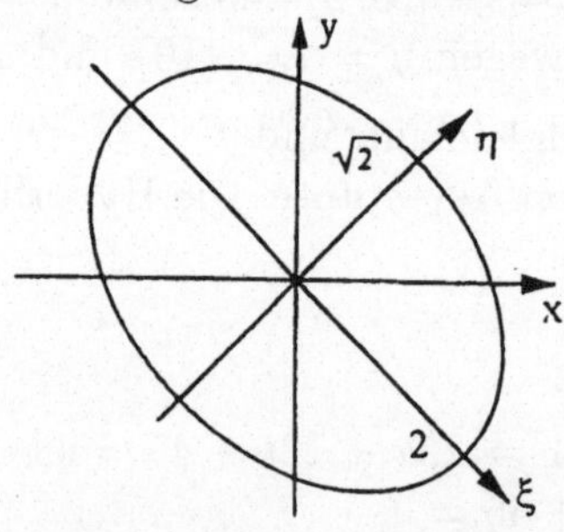

Abb. 5.27a

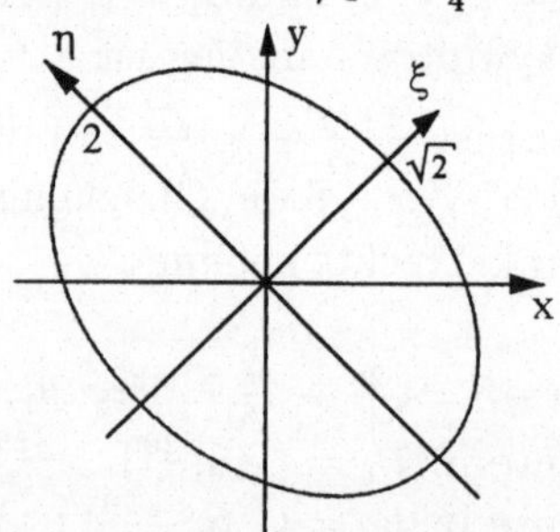

Abb. 5.27b

Die Drehungen führen auf die Gleichungen

(1) $\frac{\xi^2}{4} + \frac{\eta^2}{2} = 1$ bzw. (2) $\frac{\xi^2}{2} + \frac{\eta^2}{4} = 1$,

d.h., die untersuchte Gleichung stellt im ξ, η-System die Ellipse (1) dar, wobei das ξ, η-System aus dem x, y-System mittels einer Drehung um

$\varphi_1 = \frac{7}{4}\pi$ hervorgeht (Abb. 5.27a). Die gleiche Kurve ergibt sich, wenn man die Ellipse (2) in einem ξ,η-System darstellt, das mittels einer Drehung um $\varphi_2 = \frac{\pi}{4}$ aus dem x,y-System hervorgeht (Abb. 5.27b).

b) $\mathbf{A} = \begin{pmatrix} 4 & -2\sqrt{6} \\ -2\sqrt{6} & 2 \end{pmatrix}; \tilde{\mathbf{A}} = \begin{pmatrix} 4 & -2\sqrt{6} & 0 \\ -2\sqrt{6} & 2 & 0 \\ 0 & 0 & -32 \end{pmatrix}$;

$\det \tilde{\mathbf{A}} = 512 > 0$ und $\det \mathbf{A} = -16 < 0 \Rightarrow$ Hyperbelgleichung.
$M = (0; 0)$, d.h. Parallelverschiebung entfällt.
Eigenwerte von $\mathbf{A} : |\mathbf{A} - \lambda\mathbf{E}| = \lambda^2 - 6\lambda - 16 = 0$; $\lambda_1 = 8$ und $\lambda_2 = -2$.
Normierte Eigenvektoren: $\mathbf{c}_1 = (\frac{1}{5}\sqrt{15}; -\frac{1}{5}\sqrt{10})^T$; $\mathbf{c}_2 = (\frac{1}{5}\sqrt{10}; \frac{1}{5}\sqrt{15})^T$.

Drehmatrix: $\mathbf{D} = \begin{pmatrix} \frac{1}{5}\sqrt{15} & -\frac{1}{5}\sqrt{10} \\ \frac{1}{5}\sqrt{10} & \frac{1}{5}\sqrt{15} \end{pmatrix}$

Drehwinkel: $\varphi = 320,77°$ bzw. $\varphi = -39,23°$.
Gleichung der Hyperbel im ξ,η-System, welches durch Drehung um $\varphi = 320,77°$ aus dem x,y-System hervorgeht: $\frac{\xi^2}{4} - \frac{\eta^2}{16} = 1$ (Abb. 5.28).
Wählt man $\lambda_1 = -2$ und $\lambda_2 = 8$, so erhält man als Drehwinkel $\varphi = 39,23°$ und die Hyperbelgleichung $\frac{\eta^2}{4} - \frac{\xi^2}{16} = 1$.

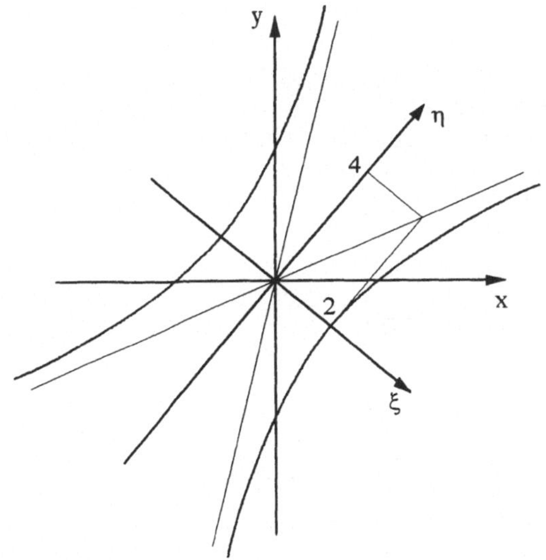

Abb. 5.28

c) $\mathbf{A} = \begin{pmatrix} 3 & -\sqrt{2} \\ -\sqrt{2} & 2 \end{pmatrix}; \tilde{\mathbf{A}} = \begin{pmatrix} 3 & -\sqrt{2} & -4 \\ -\sqrt{2} & 2 & 0 \\ -4 & 0 & -8 \end{pmatrix}$;

$\det \tilde{\mathbf{A}} = -64 < 0$ und $\det \mathbf{A} = 4 > 0 \Rightarrow$ Ellipsengleichung.
Aus $\mathbf{A} \cdot \begin{pmatrix} m_1 \\ m_2 \end{pmatrix} = \begin{pmatrix} 4 \\ 0 \end{pmatrix}$ ergibt sich $\mathbf{m} = \begin{pmatrix} 2 \\ \sqrt{2} \end{pmatrix}$ bzw. $M = (2; \sqrt{2})$

als Mittelpunkt. Die Parallelverschiebung des Koordinatensystems durch $\mathbf{x} = \overline{\mathbf{x}} + \mathbf{m}$, also $x = \overline{x} + 2$ und $y = \overline{y} + \sqrt{2}$, führt zur Ellipsengleichung $3\overline{x}^2 - 2\sqrt{2}\overline{x}\,\overline{y} + 2\overline{y}^2 - 16 = 0$ im $\overline{x}, \overline{y}$-System.
Eigenwerte von $\mathbf{A}: \lambda_1 = 1$ und $\lambda_2 = 4$.
Normierte Eigenvektoren: $\mathbf{c}_1 = (\frac{1}{3}\sqrt{3}; \frac{1}{3}\sqrt{6})^T$ und $\mathbf{c}_2 = (-\frac{1}{3}\sqrt{6}; \frac{1}{3}\sqrt{3})^T$.
Drehmatrix: $\mathbf{D} = \frac{1}{3}\begin{pmatrix} \sqrt{3} & \sqrt{6} \\ -\sqrt{6} & \sqrt{3} \end{pmatrix}$, Drehwinkel: $\varphi = 54,74°$.
Ellipsengleichung im ξ, η-System, das durch Verschiebung mittels $\mathbf{m} = (2; \sqrt{2})^T$ und Drehung um $\varphi = 54,74°$ aus dem x, y-System hervorgeht: $\frac{\xi^2}{16} + \frac{\eta^2}{4} = 1$.
Bei anderer Wahl der Eigenwerte, $\lambda_1 = 4$ und $\lambda_2 = 1$ erhält man $\frac{\xi^2}{4} + \frac{\eta^2}{16} = 1$, wobei $\varphi = -35,26°$.

d) $\mathbf{A} = \begin{pmatrix} 16 & 8 \\ 8 & 4 \end{pmatrix}; \tilde{\mathbf{A}} = \begin{pmatrix} 16 & 8 & 10\sqrt{5} \\ 8 & 4 & 15\sqrt{5} \\ 10\sqrt{5} & 15\sqrt{5} & \frac{45}{4} \end{pmatrix}$;
$\det \tilde{\mathbf{A}} = -8000 < 0$ und $\det \mathbf{A} = 0 \Rightarrow$ Parabelgleichung.
Eigenwerte von $A: \ \lambda_1 = 0; \ \lambda_2 = 20$.
Eigenvektoren: $\mathbf{c}_1 = (\frac{1}{\sqrt{5}}; \frac{-2}{\sqrt{5}})^T; \mathbf{c}_2 = (\frac{2}{\sqrt{5}}; \frac{1}{\sqrt{5}})^T$.
Drehmatrix: $\mathbf{D} = \frac{1}{\sqrt{5}}\begin{pmatrix} 1 & -2 \\ 2 & 1 \end{pmatrix}$; Drehwinkel: $\varphi = -63,43°$.
Die Drehung ergibt mit $\boldsymbol{\xi} = \mathbf{D} \cdot \mathbf{x}$ bzw. $\mathbf{x} = \mathbf{D}^{-1} \cdot \boldsymbol{\xi}$ und $\mathbf{x}^T = \boldsymbol{\xi}^T \cdot \mathbf{D}$ den Ansatz $(\xi, \eta) \cdot \begin{pmatrix} \frac{1}{\sqrt{5}} & -\frac{2}{\sqrt{5}} \\ \frac{2}{\sqrt{5}} & \frac{1}{\sqrt{5}} \end{pmatrix} \cdot \begin{pmatrix} 16 & 8 \\ 8 & 4 \end{pmatrix} \cdot \begin{pmatrix} \frac{1}{\sqrt{5}} & \frac{2}{\sqrt{5}} \\ -\frac{2}{\sqrt{5}} & \frac{1}{\sqrt{5}} \end{pmatrix} \cdot \begin{pmatrix} \xi \\ \eta \end{pmatrix}$
$+2(10\sqrt{5}; 15\sqrt{5}) \cdot \begin{pmatrix} \frac{1}{\sqrt{5}} & \frac{2}{\sqrt{5}} \\ -\frac{2}{\sqrt{5}} & \frac{1}{\sqrt{5}} \end{pmatrix} \cdot \begin{pmatrix} \xi \\ \eta \end{pmatrix} + \frac{45}{4} = 0,$
und über das Zwischenergebnis
$(\xi, \eta) \cdot \begin{pmatrix} 0 & 0 \\ 0 & 20 \end{pmatrix} \cdot \begin{pmatrix} \xi \\ \eta \end{pmatrix} + (-40; 70) \cdot \begin{pmatrix} \xi \\ \eta \end{pmatrix} + \frac{45}{4} = 0$
bzw. $20\eta^2 - 40\xi + 70\eta + 45 = 0$ erhält man die Parabelgleichung $\eta^2 - 2\xi + \frac{7}{2}\eta + \frac{9}{16} = 0$ bzw. $(\eta + \frac{7}{4})^2 = 2(\xi - \frac{5}{4})$.
Schließlich führt eine Parallelverschiebung mit $\mathbf{s} = (\frac{5}{4}; -\frac{7}{4})^T$ auf die Scheitelgleichung $\overline{\eta}^2 = 2\overline{\xi}$.
Die untersuchte Gleichung stellt eine Parabel dar, die im $\overline{\xi}, \overline{\eta}$-System die ermittelte Gleichung $\overline{\eta}^2 = 2\overline{\xi}$ besitzt, wobei das $\overline{\xi}, \overline{\eta}$-System mittels einer Drehung um $\varphi = -63,43°$ und einer Parallelverschiebung mit $\mathbf{s} = (\frac{5}{4}; -\frac{7}{4})^T$ aus dem x, y-System hervorgeht.

Bei anderer Reihenfolge der Eigenwerte ergibt sich $\overline{\xi}^2 = -2\overline{\eta}$ bei einer Drehung des x, y-Systems um $\varphi = 26,57°$ und der gleichen Parallelverschiebung mit $\mathbf{s} = (\frac{5}{4}; -\frac{7}{4})^T$.

e) $\mathbf{A} = \begin{pmatrix} 2 & 2\sqrt{3} \\ 2\sqrt{3} & 3 \end{pmatrix}$; $\tilde{\mathbf{A}} = \begin{pmatrix} 2 & 2\sqrt{3} & 0 \\ 2\sqrt{3} & 3 & 0 \\ 0 & 0 & -12 \end{pmatrix}$;

$\det \tilde{\mathbf{A}} = 72 > 0$ und $\det \mathbf{A} = -6 < 0 \Rightarrow$ Hyperbelgleichung,
$\mathbf{A} \cdot \mathbf{m} = \mathbf{0}$, d.h. $M = (0; 0)$, Parallelverschiebung entfällt.
Eigenwerte von $\mathbf{A}$: $\lambda_1 = 6$, $\lambda_2 = -1$.
Eigenvektoren: $\mathbf{c}_1 = (\sqrt{\frac{3}{7}}; \frac{2}{\sqrt{7}})^T$ und $\mathbf{c}_2 = (-\frac{2}{\sqrt{7}}; \sqrt{\frac{3}{7}})^T$.

Drehmatrix: $\mathbf{D} = \frac{1}{\sqrt{7}} \begin{pmatrix} \sqrt{3} & 2 \\ -2 & \sqrt{3} \end{pmatrix}$; Drehwinkel: $\varphi = 49,11°$.

Die Drehung führt auf $6\xi^2 - \eta^2 - 12 = 0$ bzw. $\frac{\xi^2}{2} - \frac{\eta^2}{12} = 1$.
Bei anderer Benennung der Eigenwerte: $-\frac{\xi^2}{12} + \frac{\eta^2}{2} = 1; \varphi = -40,89°$.

f) $\mathbf{A} = \begin{pmatrix} 4 & 2\sqrt{2} \\ 2\sqrt{2} & 6 \end{pmatrix}$; $\tilde{\mathbf{A}} = \begin{pmatrix} 4 & 2\sqrt{2} & 0 \\ 2\sqrt{2} & 6 & 0 \\ 0 & 0 & -12 \end{pmatrix}$;

$\det \tilde{\mathbf{A}} = -512 < 0$ und $\det \mathbf{A} = 16 > 0 \Rightarrow$ Ellipse.
$\mathbf{A} \cdot \mathbf{m} = \mathbf{0}$, d.h. $M = (0; 0)$, Parallelverschiebung entfällt.
Eigenwerte: $\lambda_1 = 2, \lambda_2 = 8$.
Eigenvektoren: $\mathbf{c}_1 = (\sqrt{\frac{2}{3}}; \frac{-1}{\sqrt{3}})^T$; $\mathbf{c}_2 = (\frac{1}{\sqrt{3}}; \sqrt{\frac{2}{3}})^T$.

Drehmatrix: $\mathbf{D} = \begin{pmatrix} \frac{\sqrt{2}}{\sqrt{3}} & \frac{-1}{\sqrt{3}} \\ \frac{1}{\sqrt{3}} & \frac{\sqrt{2}}{\sqrt{3}} \end{pmatrix}$; Drehwinkel: $\varphi = -35,26°$.

Ellipsengleichung: $\frac{\xi^2}{16} + \frac{\eta^2}{4} = 1$.
Bei anderer Benennung der Eigenwerte: $\frac{\xi^2}{4} + \frac{\eta^2}{16} = 1; \varphi = 54,74°$.

Literatur

Brehmer, S.; Belkner, H. : Einführung in die Analytische Geometrie und Lineare Algebra. Berlin: Deutscher Verlag der Wissenschaften 1966.

Burg, K.; Haf, H.; Wille, F. : Höhere Mathematik für Ingenieure, Band 2. 3. Aufl. Stuttgart: Teubner-Verlag 1992.

Manteuffel, K.; Seiffart, E.; Vetters, K. : Lineare Algebra. 7. Aufl. Leipzig: Teubner-Verlag 1989.

Vetters, K. : Formeln und Fakten. Leipzig: Teubner-Verlag 1996.

TEUBNER - TASCHENBUCH der Mathematik. Leipzig: Teubner-Verlag 1996.

Sachwortregister

Hinweis: Die Seitenangabe .../... bedeutet, daß auf einen Begriff in Frage und Antwort eingegangen wird.

Gärtner/Bellmann/
Lyska/Schmieder

Analysis in Fragen und Übungsaufgaben

Von Doz. Dr. **Karl-Heinz Gärtner**, **Margitta Bellmann**, Dr. **Werner Lyska** und Dr. **Roland Schmieder**
Technische Universität – Bergakademie Freiberg

1995. 264 Seiten mit 129 Bildern, 192 Fragen und 345 Aufgaben.
16,2 x 22,9 cm.
(Mathematik für Ingenieure und Naturwissenschaftler)
Kart. DM 26,80
ÖS 196,– / SFr 24,–
ISBN 3-8154-2088-1

Das vorliegende Buch mit seinen zahlreichen Fragen und Antworten sowie Aufgaben und Lösungen aus dem Gebiet der Analysis wendet sich vorwiegend an Studierende natur- und ingenieurwissenschaftlicher Studiengänge der ersten Semester an Technischen Universitäten und Fachhochschulen. Es unterstützt den Leser bei der Vorbereitung auf Prüfungen, insbesondere Klausuren, eignet sich auch zur Vertiefung und Ergänzung des Wissens. Die Lösungen zu den Aufgaben werden durch Lösungshinweise, teilweise sogar durch den kompletten Lösungsweg ergänzt. Zur Erleichterung ist jedem Abschnitt eine Auswahl wichtiger Formeln vorangestellt.

Preisänderungen vorbehalten.

B. G. Teubner Stuttgart · Leipzig